绿色新型水处理剂
高铁酸盐的制备及应用

李　聪　李　云　倪　静　等著

上海大学出版社

·上海·

图书在版编目(CIP)数据

绿色新型水处理剂高铁酸盐的制备及应用/李聪等著. —上海：上海大学出版社，2020. 11
ISBN 978-7-5671-3992-3

Ⅰ. ①绿… Ⅱ. ①李… Ⅲ. ①铁酸盐—水处理料剂—制备 Ⅳ. ①TU991. 2

中国版本图书馆 CIP 数据核字(2020)第 214196 号

责任编辑 王悦生
助理编辑 李 双
封面设计 柯国富
技术编辑 金 鑫 钱宇坤

绿色新型水处理剂高铁酸盐的制备及应用

李 聪 李 云 倪 静 等著

上海大学出版社出版发行
(上海市上大路 99 号 邮政编码 200444)
(http://www.shupress.cn 发行热线 021-66135112)
出版人 戴骏豪

*

南京展望文化发展有限公司排版
上海颛辉印刷厂有限公司印刷 各地新华书店经销
开本 787mm×1092mm 1/16 印张 10.75 字数 192 千
2020 年 11 月第 1 版 2020 年 11 月第 1 次印刷
ISBN 978-7-5671-3992-3/X·7 定价 58.00 元

前　言

地球上富含的铁及其氧化物不仅比许多稀有金属“更绿色”，而且可以进行许多具有环境和工业意义的催化反应。其中，高铁酸盐具有强氧化性，在酸性和碱性条件下其氧化还原电位分别为 2.20 V 和 0.70 V，它与有机物反应后的最终产物为无毒无害的三价铁离子，可作为一种集氧化、絮凝、杀菌消毒于一体的多功能绿色水处理化学药剂，具有良好的发展前景。高铁酸盐具有许多独特性质，近年来在各种应用领域受到人们的广泛关注，但由于制备困难，高铁酸盐并未得到广泛应用。与此同时，虽然基于高铁酸盐的研究层出不穷，但各侧重于相关作者的研究方向，缺乏系统及全面的研究与分析。因此，作者结合了国内外的研究现状，介绍了高铁酸盐的制备及应用。本书将为市政工程、环境工程、给排水工程等工科类本科生、研究生及相关科研工作者提供高铁酸盐水处理药剂的相关理论基础及其工业应用相关工艺设计支撑，亦为其工业化提供新的思路和应用支撑。同时提供在去除有机污染物、无机污染物、重金属和藻类等物质的效率和应用条件，以满足广大国内科研工作者和相关新型水处理药剂的企业需求。

本书共分八章，第 1 章介绍了高铁酸盐的制备，由李聪和许罗撰写；第 2 章介绍了高铁酸根的检测，由倪静和王子腾撰写；第 3 章介绍了高铁酸盐去除有机微污染物的研究，由李聪和魏郭子建撰写；第 4 章介绍了高铁酸盐去除无机物的研究，由李聪和计杰撰写；第 5 章介绍了高铁酸盐去除水体藻类的研究，由李聪和计杰撰写；第 6 章介绍了高铁酸盐去除水中重金属的研究，由李云撰写；第 7 章介绍了高铁酸盐应用在预处理工艺的研究，由李云撰写；第 8 章介绍了高铁酸盐应用在特殊行业废水的研究，由倪静和李杉杉撰写。感谢林秋风和浙江工业大学董飞龙老师对本书的贡献。本书参阅的文献资料已列出，如有疏漏，还望理解和见谅，并且可以与作者联系，以便再版时作出修改。在此，向所有为本书提供参考信息的文献作者表示衷心的感谢，同时要感谢 Virender K. Sharma 教授、苑宝玲教授和马军院士等对该领域做出的杰出贡献！

受限于作者的水平，敬请读者对书中的不足之处提出批评指正。

作　者

2020 年 9 月

目　　录

第1章　高铁酸盐的制备

1702年，德国的化学家和物理学家Georg Stahl首次发现高铁酸钾。1841年，Fremy首次合成出高铁酸钾，但合成的产品杂质多，在水和潮湿空气中极不稳定，产品产率与纯度低，再加之合成条件苛刻，所以一直未引起人们的重视。直至20世纪50年代，有学者先后改进了高铁酸盐的合成工艺条件，在实验室利用次氯酸盐氧化三价铁盐制备出高铁酸盐，为现代高铁酸盐制备研究奠定了基础。近几十年来，高铁酸盐制备方法日渐成熟，产率和成品纯度不断提高，能达到产率44%～76%、纯度94%～98%的水平。随着高铁酸盐制备难题的逐步解决，高铁酸盐的物理化学性质，如其酸根离子（FeO_4^{2-}）的生成热，生成自由能、光谱特性、空间结构、电子能级、稳定性、氧化还原过程等也逐一通过试验测定或计算而得到和完善。在高铁酸盐的众多性质中，氧化还原特性和稳定性极其关键，了解这两个性质能更好地掌握和理解高铁酸盐制备工艺的特点和其净水的内在原因。

1.1　高铁酸盐的性质

1.1.1　高铁酸盐的分子结构

高铁酸盐是铁的最高价态化合物，铁显正六价，具有极强的氧化性。理论上来说，高铁酸根（FeO_4^{2-}）阴离子不仅可以跟很多金属阳离子（如IA、IIA、IIIA、IB、IIB、IIIB、VIII中的许多金属离子）和一些类金属阳离子[如NH_4^+，$N(C_4H_9)_4^+$]形成简单的含氧酸盐，还可以和一些具有四面体结构的阴离子（如SiO_4^{4-}、SO_4^{2-}）形成$M(Fe,X)O_4$型的复盐。但实际上想要制备出测试量的高铁酸盐很难，而制备出高纯度或结晶形态的高铁酸盐就更难。目前关于高铁酸盐的报道主要是一些最容易制备得到的$M_2^{IA}FeO_4$型（如Na_2FeO_4、K_2FeO_4、Rb_2FeO_4、Cs_2FeO_4）和$M^{IIA}FeO_4$型（如$BaFeO_4$、$SrFeO_4$）高铁酸盐。在能制备的高铁酸盐固体中，除了复盐$K_2Sr(FeO_4)_2$的晶型结构为三方晶系之外，其他的高铁酸盐晶体属于正交晶系，与 K_2SO_4、K_2CrO_4、和 K_2MnO_4 有相同的晶型，但 Fe—O 键之间的键长略长于 Cr—O 键和 Mn—O 键的键长。高铁酸根具有正四面体结构，Fe 原子位于正四面体中心，四个氧原子位于正四面体的四个顶角上，呈现出呈略有畸变扭曲的正四面体结构。图 1-1 所示为高铁酸根的空间构型。

图 1-1　高铁酸根空间构型　　图 1-2　高铁酸钾样品

高铁酸盐一般为深紫色固体，溶液具有特定的紫色。高铁酸钾是高铁酸盐中最重要的化合物，其紫外-可见光谱图在 510 nm 处有特征吸收峰，其红外光谱在 800 cm^{-1} 有强吸收峰，在 778 cm^{-1} 处存在肩峰，此为 K_2FeO_4 晶体结构中 Fe—O 键伸缩振动的特征峰，因此可用红外光谱来定性和定量地测定 K_2FeO_4。对 K_2FeO_4 晶体进行 X 射线衍射分析，其特征衍射峰的位置与 JCPDS(Joint Committee on Powder Different Standards)衍射卡片中序号为 25～625 的标准图谱相一致。纯度较高的固态高铁酸钾是紫黑色有光泽的粉末状晶体，如图 1-2 所示，它极易溶于水，熔点为 198 ℃，在干燥条件下，230 ℃时开始分解。

Harold Goff 通过同位素 ^{18}O 与 K_2FeO_4 水溶液中的氧进行了交换示踪实验，经过质谱分析，发现 FeO_4^{2-} 离子中的四个氧原子完全等价，且不停地与水溶液中的氧原子进行交换，FeO_4^{2-} 离子在水溶液中以三种共振杂化结构形式存在，如图 1-3 所示，这三种杂化形式可以互相转化，其中前两种结构占主要部分。

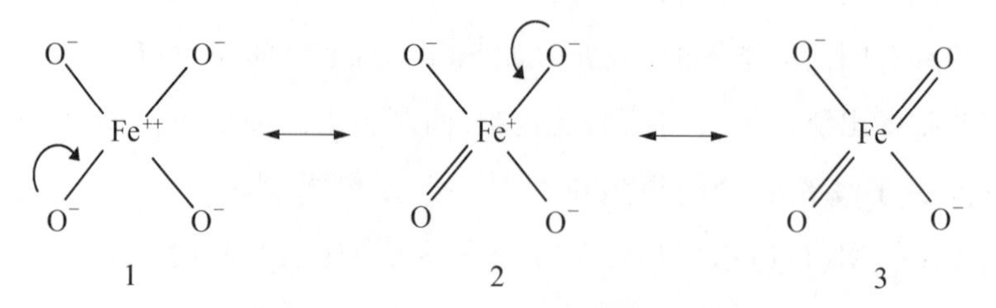

图 1-3　FeO_4^{2-} 离子的三种杂化结构

1.1.2　高铁酸盐的溶解度

高铁酸盐极易溶于水(约 15 g·L^{-1})，碱金属和碱土金属的高铁酸盐在水中的溶解度随金属离子半径的减小而增大。在高铁酸盐的众多化合物中，$BaFeO_4$ 的溶解度最小，Cs_2FeO_4 和 $CaFeO_4$ 微溶于水，Na_2FeO_4 和 Li_2FeO_4 在水中溶解度最大。一般地，K_2FeO_4 在强碱性溶液中，OH^- 浓度越大，其溶解度越小，在溶有饱和的 $Ba(OH)_2$ 的 KOH(5 mol·L^{-1})溶液中，其溶解度更是低于 2×10^{-4} mol·L^{-1}。然而，在 NaOH 和 LiOH 溶液中，即使保持很高的 OH^- 浓度，K_2FeO_4 也会溶解，转化为溶解度更高的 Na_2FeO_4 和 Li_2FeO_4。高铁酸根在苛性钠溶液中的溶解度大于苛性钾溶液，故在制备高铁酸钾的大多数情况下，先用钠盐生成高铁酸钠，然后再用氢氧化钾将高铁酸钾从苛性钠溶液中沉淀出来。

高铁酸盐在非水性溶剂中溶解度很低，其对有机溶剂具有广泛的不溶性，如醚、苯、甲醇、乙醇、丙酮、CAN、PC、DME、BLA 以及卤化烷烃等有机溶剂。高铁酸钾不溶于含水量低于 20%的乙醇，且很稳定，而当含水量超过这一限度时，它可迅速地将乙醇氧化成相应的醛和酮。因此，在纯化高铁酸钾固体的过程中，先用苯洗涤以去除水分，再利用乙醇来除去残留的 KOH 和 KCl 等杂质，最后用乙醚洗涤去除水和乙醇。

1.1.3　高铁酸盐的热力学数据

1958 年，Wood R. H. 等人通过测定含水高铁酸钾与高氯酸在 25 ℃下的反应热，即 $\Delta H_f^0=-115\pm1$ kcal·mol^{-1}，相应熵 $\Delta_r S^0=9\pm4$ e. u，由此可计算出 FeO_4^{2-} 的生成自由能为 $\Delta G_f^0=-77\pm2$ kcal·mol^{-1}，并计算出 Fe(VI)/Fe(III)电对在酸性和碱性条件下的标准电极电位分别为：

$$\text{酸性：}\quad Fe^{3+}+4H_2O\longrightarrow FeO_4^{2-}+8H^++3e^-\quad E^0=2.20\ V \tag{1.1}$$

$$\text{碱性：}\quad Fe(OH)_3+5OH^-\longrightarrow FeO_4^{2-}+4H_2O+3e^-\quad E^0=0.70\ V \tag{1.2}$$

1.1.4　高铁酸盐的光学数据

Audette 于 1982 年首次利用红外光谱仪对 K_2FeO_4、Rb_2FeO_4、Cs_2FeO_4、$BaFeO_4$ 这四种高铁酸盐进行了测试；Licht 利用红外光谱对 $SrFeO_4$ 和 Ag_2FeO_4 进行了测试。表 1-1 为部分高铁酸盐红外光谱数据。

表 1-1　部分高铁酸盐红外光谱数据　　单位：cm^{-1}

高铁酸盐	红外特征峰
K_2FeO_4	809,781,340
Rb_2FeO_4	802,776,337,323
Cs_2FeO_4	800,771,332,322
$BaFeO_4$	870,812,780,365,340,318
$SrFeO_4$	863,810,792,763
Ag_2FeO_4	1 385

从表 1-1 中可以看出，除 Ag_2FeO_4，其他 $M_2{}^{IA}FeO_4$ 型高铁酸盐的红外特征吸收峰都位于 800～810 cm^{-1}、770～780 cm^{-1} 和 320～340 cm^{-1} 这三个范围内；而 $M^{IIA}FeO_4$ 型高铁酸盐的红外特征吸收峰则位于 860～870 cm^{-1}、790～810 cm^{-1} 和 320～360 cm^{-1} 这三个范围内。

1.1.5　高铁酸盐的稳定性

高铁酸盐的稳定性是关系到其工业化制备和应用的重要性质，目前高铁酸盐之所以未被大规模应用于实践，在很大程度上是受制于其稳定性。在常温和密封干燥的条件下，纯净的高铁酸钾和高铁酸钡晶体可以稳定存在。而在水溶液中，FeO_4^{2-} 有四种存在形态：$H_3FeO_4^+$、H_2FeO_4、$HFeO_4^-$ 和 FeO_4^{2-}，如图 1-4 所示。在中性和碱性 pH 环境中，$HFeO_4^-$ 和 FeO_4^{2-} 为主要存在形态，这说明 FeO_4^{2-} 在酸性溶液中不稳定。pH 控制在 9～10 时，能使 FeO_4^{2-} 保持比较强的稳定性。

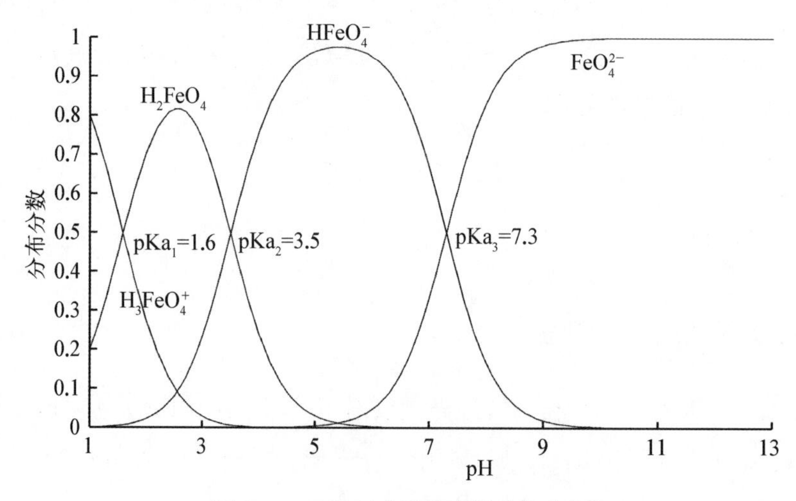

图 1-4　Fe(Ⅵ)在溶液中的分布分数

$$H_3FeO_4^+ \rightleftharpoons H^+ + H_2FeO_4 \quad pKa_1 = 1.6 \pm 0.2 \tag{1.3}$$

$$H_2FeO_4 \rightleftharpoons H^+ + HFeO_4^- \quad pKa_2 = 3.5 \tag{1.4}$$

$$HFeO_4^- \rightleftharpoons H^+ + FeO_4^{2-} \quad pKa_3 = 7.3 \pm 0.1 \tag{1.5}$$

式中，FeO_4^{2-} 的离解常数是在磷酸或磷酸/醋酸缓冲溶液中测得的，Sharma V. K. 给出了在氯化钠溶液中高铁酸根的离解常数 pKa_3 与温度和离子强度之间的关系，$pKa_3 = 4.247 + 888.5/T + 0.8058 \cdot I^{0.5} + 0.5144 \cdot I - 529.43 \cdot I^{0.5}/T$，且在温度为 25 ℃时，$pKa_3 = 7.227 \pm 0.074$。

影响高铁酸盐在溶液中稳定性的因素包括环境温度、pH、高铁酸盐初始浓度、溶液中的各类离子等。其中水溶液的 pH 和高铁自身的氧化还原产物是影响高铁酸钾稳定性的两个重要因素。高铁酸根在酸性条件下迅速分解，在碱性条件下比较稳定。高铁酸根在水中的分解方程如下：

酸性：
$$FeO_4^{2-} + 8H^+ + 3e^- \longrightarrow Fe^{3+} + 4H_2O \tag{1.6}$$

碱性：
$$FeO_4^{2-} + 4H_2O + 3e^- \longrightarrow Fe(OH)_3 + 5OH^- \tag{1.7}$$

中性：
$$2FeO_4^{2-} + 3H_2O \longrightarrow 2FeO(OH) + 3/2O_2 + 4OH^- \tag{1.8}$$

图 1 - 5 是浓度为 100 $mg \cdot L^{-1}$ 的 K_2FeO_4 溶液在 pH=7～11 范围内的稳定性变化情况。可见，pH 对高铁酸钾的稳定性有极大影响，随 pH 升高 FeO_4^{2-} 的稳定性增强，而随 pH 下降其分解速度加快。

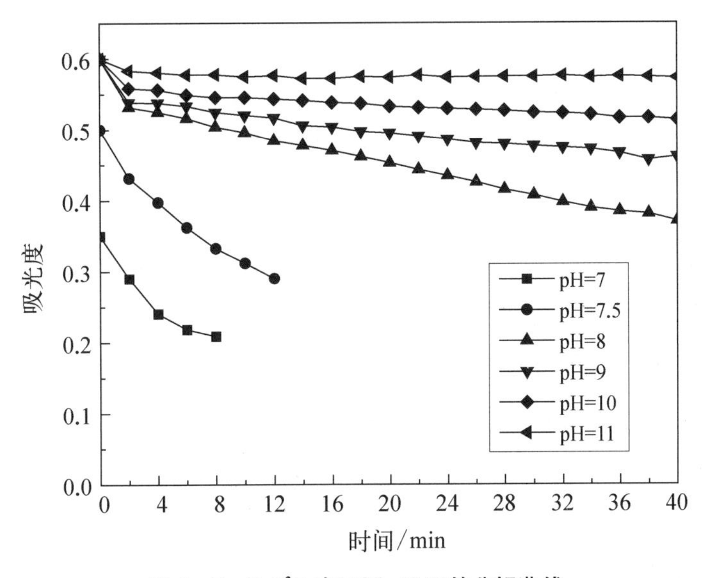

图 1 - 5　FeO_4^{2-} 在不同 pH 下的分解曲线

水中的 Fe^{3+} 是高铁酸盐在酸性条件下的主要分解产物，也是在其他条件下分解的中间产物。在高铁酸盐的制备过程中，Fe^{3+} 对 FeO_4^{2-} 具有较强的催化分解作用，可导致高铁酸盐的制备失败。图 1-6 是高铁酸盐的分解量与三氯化铁加入量的关系。

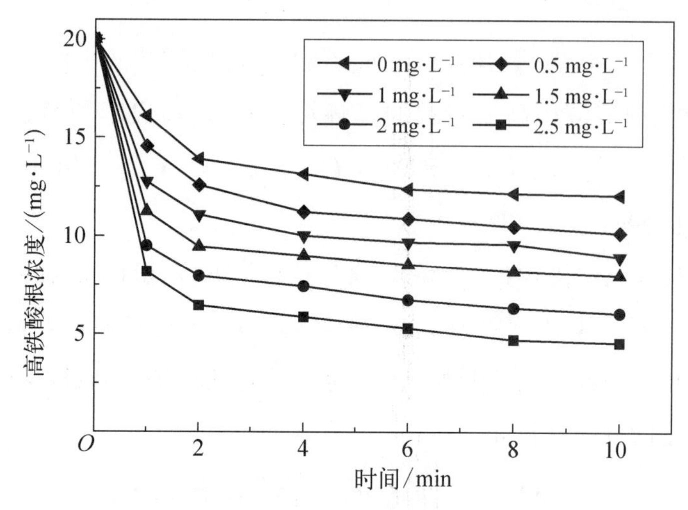

图 1-6　Fe^{3+} 对高铁酸根的催化分解效果

可见，随水中 Fe^{3+} 的增加，FeO_4^{2-} 的分解量增多。Fe^{3+} 对高铁的催化分解作用主要是由于它与 FeO_4^{2-} 发生了氧化还原反应并生 Fe(IV)和 Fe(V)等中间形态，这些中间形态又极不稳定而迅速分解成 Fe(III)，然后又催化高铁的分解：

$$FeO_4^{2-} + Fe^{3+} \longrightarrow Fe(V) \rightarrow Fe(IV) \rightarrow Fe(III)$$

催化高铁分解

因此，化学法合成高铁酸盐过程中要尽量缩短反应时间，否则反应体系中的三价铁盐会催化分解新生成的高铁酸盐。电解法制备高铁酸盐工艺中，高铁酸盐分解生成的氢氧化铁沉淀是导致该方法产率不高的一个重要原因。此外，其他阴离子如磷酸根(PO_4^{3-})、硼酸根(BO_3^{3-})、硫酸根(SO_4^{2-})均能使高铁酸盐的分解加速，但碱性条件下磷酸根(PO_4^{3-})使高铁酸根趋于稳定。硝酸根(NO_3^-)对其稳定性影响不大。

温度和浓度升高都能加快高铁酸盐的分解。其中温度变化对高铁酸盐分解速度的影响明显。取 0.075 mmol·L^{-1} 的高铁酸钾溶液，pH=7，控制溶液温度为 15 ℃、25 ℃、35 ℃和 45 ℃，考察温度对高铁酸钾稳定性的影响，如图 1-7 所示。

由图 1-7 可见，当温度为 35 ℃和 45 ℃时，1 h 后高铁酸钾就几乎完全分解了；而 15 ℃存放的溶液，在 5 h 后仍能保持一定浓度。此结果表明低温的存放环境有利于

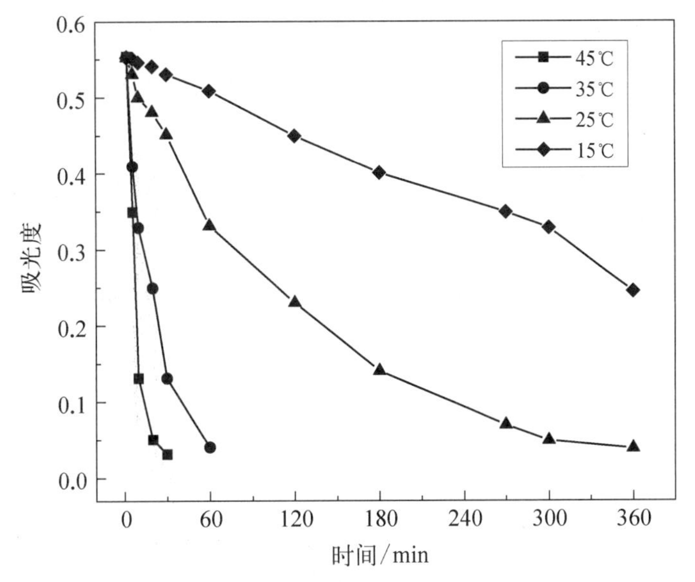

图1-7 温度对高铁酸钾稳定性的影响

抑制高铁酸钾的分解，因此在电解法和氧化法制备高铁酸盐的过程中要保持相对较低温度就是避免生成的高铁酸盐分解。

高铁酸盐的初始浓度对高铁酸根离子稳定性影响较大，浓度越低高铁酸盐越稳定。图1-8为不同浓度的高铁酸盐溶液随时间变化的吸光度变化曲线。

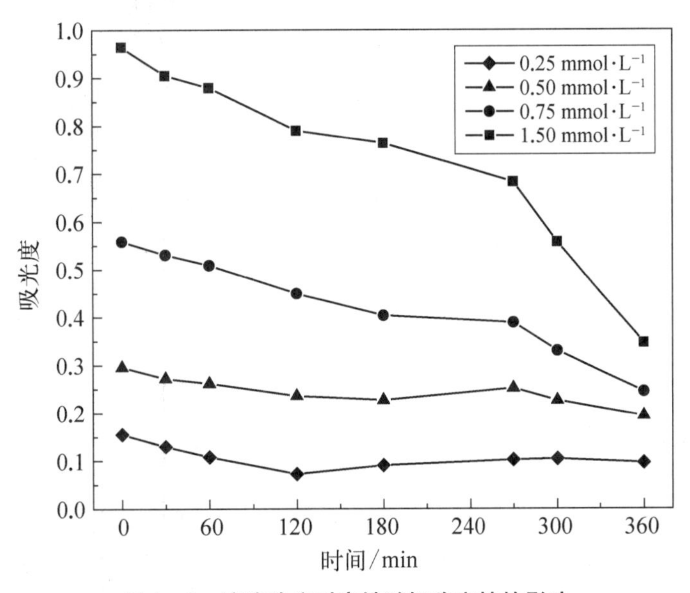

图1-8 溶液浓度对高铁酸钾稳定性的影响

由图1-8可见，随着高铁酸钾溶液浓度的降低，溶液吸光度变化趋缓，表明高铁酸钾溶液在较低浓度条件下是非常稳定的。此外，在水处理应用中常需配制较高浓度的高铁酸盐溶液，这时可以通过添加一些稳定剂，如硅酸钠等延长稳定时间。如果条件允许，宜采用干投高铁酸盐固体或电解法现场制备的方式，从根本上解决高铁酸盐分解的问题。

Wagner 认为，光对高铁酸钾溶液分解速率至少在最初的 2 h 内没有影响。高玉梅等比较了不同强度的光对高铁酸钾溶液分解的影响，如表 1－2 所示。

表 1－2　不同光照下 FeO_4^{2-} 分解反应速率常数 k 的比较

	避　光	红外光	可见光	紫外光
$10^2 k_i/h^{-1}$	0.949	1.044	1.188	1.248
k_i/k_0	1.000	1.100	1.252	1.661

表 1－2 表明高铁酸钾溶液受紫外光照射分解最快，避光分解最慢，红外光介于可见光与避光之间，说明紫外光和可见光均有加速分解高铁酸盐的作用，而红外光对其没有明显影响。

高玉梅等还用玻璃瓶、棕色瓶、聚乙烯塑料瓶、玻璃瓶（避光）、聚乙烯塑料瓶（避光）和聚酯塑料瓶作为储存容器，研究容器材质对高铁酸盐溶液稳定性的影响，发现采用聚乙烯塑料瓶避光存放的高铁酸盐溶液稳定性是最好的，而用聚酯塑料瓶存放的高铁酸盐溶液分解最快，玻璃瓶避光存放的高铁酸盐溶液稳定性仅次于用聚乙烯塑料瓶避光存放。这种结果可能是因为聚酯材质容器含有不饱和键，具有还原性，很容易与具有强氧化性的高铁酸盐溶液反应，使得高铁酸根很快地被分解。而玻璃瓶中总会含有微量的重金属离子，可催化分解其为三价铁，而三价铁的存在又催化加速了高铁酸盐溶液的分解，或是高铁酸盐溶液分解产生的 FeOOH 吸附到容器内壁上，而容器内壁上的 FeOOH 具有较强的活性，能够有效催化高铁酸盐溶液的分解。所以高铁酸盐溶液用聚乙烯塑料瓶避光存放，对其稳定有利。

1.1.6　高铁酸盐的氧化性

氧化还原电位是衡量化合物在一定条件下氧化还原能力的指标，表示物质从氧化态转为某种还原态或由某种还原态转为氧化态的难易程度。高铁酸盐的氧化性比高锰酸钾、重铬酸钾和次氯酸盐等常规氧化剂要强，可以满足杀菌、消毒、氧化去除水中无机和有机污染物等的需要。常见氧化剂的氧化还原电位如表 1－3 所示。

表1－3　常见氧化物氧化还原电位

酸性条件下	E^0/V	碱性条件下	E^0/V
FeO_4^{2-}/Fe^{3+}	2.20	$FeO_4^{2-}/Fe(OH)_3(s)$	0.70
O_3/O_2	2.076	O_3/O_2	1.24
H_2O_2/H_2O	1.776	H_2O_2/OH^-	0.88
MnO_4^-/MnO_2	1.679	MnO_4^-/MnO_2	0.59
MnO_4^-/Mn^{2+}	1.507		
$HClO/Cl^-$	1.482	ClO^-/Cl^-	0.84
$Cr_2O_7^{2-}/Cr^{3+}$	1.33	$CrO_4^{2-}/Cr(OH)_3$	−0.12

高铁酸盐被认为是新型绿色水处理剂，与传统水处理剂相比，它具有如下优点：

（1）高安全性。高铁酸钾是一种安全的氧化剂，与传统氯氧化剂相比，在水处理过程之中不会产生三卤甲烷（THMs）等对人体有害的氯化物；与目前应用较多的氧化剂二氧化锰、高锰酸钾、三氧化铬、重铬酸钾相比，高铁酸钾无重金属污染；有研究证明，高铁酸钾不仅能去除污染物和一些致癌化学污染物，而且应用在饮用水源和废水处理过程中，本身不产生任何诱变致癌的产物，具有高度的安全性。因此，高铁酸钾是一种对人类和生物安全，对环境无二次污染的理想水处理剂。

（2）宽pH值。高铁酸钾几乎适用于整个pH范围，无论是在酸性还是碱性条件下，都具有很强的氧化性，可以有效降解有机污染物，如酚类化合物、醇、苯胺、羟胺、肼等；降解无机污染物，如硫化物、硫的含氧化合物、氰化物、硫氰酸盐等。

（3）对絮凝除藻起促进作用。高铁酸盐还原产物Fe(III)是一种优良的无机絮凝剂，它的氧化和吸附作用又具有重要的助凝效果。可去除水中的细微悬浮物，尤其对那些纳米级悬浮颗粒更具有高效絮凝的意义。有研究发现，高铁酸盐预氧化对絮凝除藻具有明显的改善作用，能在减小絮凝剂投加量的同时，提高藻类去除效率，使去除率达80%以上。其机理在于高铁酸盐的强氧化性使藻细胞破裂，再加之高铁酸盐的还原产物氢氧化铁也具有的助凝作用，从而起到对絮凝除藻的促进作用。

（4）杀菌作用。杀菌消毒是水处理中至关重要的一道工序，目前用得较多的是加氯消毒。但近年来研究表明氯化后的水中会产生三卤甲烷（THMs）等消毒副产物，对人体健康存在潜在危害。虽然也考虑过用二氧化氯、溴等氧化剂来替代氯，但研究表明这些氧化剂仍会产生或多或少的有毒副产物。高铁酸盐不仅可高效地杀死大肠杆菌，剂量为8 mg·L^{-1}的FeO_4^{2-}可杀死99.9%的大肠菌以及总的可繁殖细菌的97%，而且不会产生消毒副产物。有实验表明，在市政二级出水的杀菌中，用

5 mg・L^{-1} 的高铁酸盐就能将超过 99.9%的细菌杀死，证明高铁酸盐是一种高效的杀菌剂，而且高铁酸钾在消毒过程中不会产生有毒的副产物，因此高铁酸钾是一种理想的常规杀菌剂的替代品。

(5) 去除金属污染物。高铁酸盐的预氧化作用对于水中微量重金属具有良好的去除效果，有研究表明，高铁酸盐对水样中重金属 Mn、Cd、Pb、Fe、Zn 和 Cu 等的去除率在 56.9%～94.4%之间。另外，高铁酸钾对水中的 As^{3+} 的去除也有良好的效果，可达到 99%的去除率。

高铁酸盐净水是一个氧化、絮凝、吸附和杀菌消毒等协同作用和连续发生的过程，表 1-4 为使用适量的高铁酸盐对二级处理废水的处理结果，表明其具有优良的综合净化效果、证明了高铁酸盐处理水是多功能的协同作用。

表 1-4　高铁酸盐对二级废水中污染物的去除效果

FeO_4^{2-}/(mg・L^{-1})	水中污染物去除率/%					
	固体悬浮物	磷酸盐	BOD_5	氨　氮	总细菌	总肠菌
0	50	12	58	6	0	0
2	72	37	88	23	0	62
4	64	44	79	52	82	99.2
6	75	30	83	57	95	99.8
8	84	41	89	58	97	99.97
10	85	53	86	60	91	99.98

1.2　高铁酸盐的制备

迄今为止，人们在实验室已经成功合成了多种高铁酸盐，但由于有些高铁酸盐的稳定性极低，制备和储存条件苛刻，实际上制备出有实用意义的高铁酸盐种类并不多，多数情况下是合成高铁酸钾和高铁酸钠。一般生产固体高铁酸钾，而高铁酸钠在碱溶液中的溶解度大，多用来制备高铁酸钠溶液。高铁酸盐的制备工艺可分为三类：干式氧化法、湿式氧化法和电解法。

1.2.1　干式氧化法

干式氧化法又称熔融法，其原理是在高温苛性碱环境中，过氧化物(如过氧化钠或过氧化钾)与铁单质或含铁化合物(如硫酸亚铁)发生高温固相(或熔融相)反应，来制备高铁酸盐。该法是最早使用的制备高铁酸盐的方法，由 Tamayo M. E. 等在 1896 年研究 $Na_2O_2/FeSO_4$ 反应体系时发现的。其具体过程是：将过氧化钠与硫酸亚铁在密闭、干燥的环境中混合，在氮气保护下迅速升温至 700 ℃，反应 1 h，然后冷却至室温，得到含高铁酸钠的粉末。

$Na_2O_2/FeSO_4$ 反应体系的化学方程式如下：

$$2FeSO_4 + Na_2O_2 \longrightarrow Fe_2O_3 + Na_2SO_4 + SO_3 \tag{1.9}$$

$$2Fe_2O_3 + 2Na_2O_2 \longrightarrow 4NaFeO_2 + O_2 \tag{1.10}$$

$$2SO_3 + 2Na_2O_2 \longrightarrow 2Na_2SO_4 + O_2 \tag{1.12}$$

$$5NaFeO_2 + 7Na_2O_2 \longrightarrow 2Na_4FeO_4 + Na_3FeO_4 + 2Na_2FeO_4 + 2Na_2O + O_2 \tag{1.13}$$

$$Na_4FeO_4 + Na_2O_2 \longrightarrow Na_2FeO_4 + 2Na_2O \tag{1.14}$$

$$2Na_3FeO_4 + Na_2O_2 \longrightarrow 2Na_2FeO_4 + 2Na_2O \tag{1.15}$$

总反应式：

$$2FeSO_4 + 6Na_2O_2 \longrightarrow 2Na_2FeO_4 + 2Na_2O + 2Na_2SO_4 + O_2 \tag{1.16}$$

为提高高铁酸盐纯度，可将制得的高铁酸钠粉末在氢氧化钠溶液中溶解后过滤，再加入固体氢氧化钾至饱和。因为高铁酸根在苛性钠溶液中的溶解度大于苛性钾溶液，故此时会有高铁酸钾沉淀出来，再过滤、异丙醇洗涤、真空干燥后可制得较高纯度的高铁酸钾晶体。

Tamayo 也曾研究过该体系在相似的反应条件下的反应，发现生成高铁酸盐的价态是正四价，说明过氧化物/硫酸亚铁反应体系的氧化行为与所用氧化剂的阳离子性质有关。

$BaO_2/FeSO_4$ 体系反应方程式如下：

$$24BaO_2 + 12FeSO_4 \longrightarrow 12BaSO_4 + 12BaFe(IV)O_3 + 6O_2 \tag{1.17}$$

$$2BaO_2 + 2BaFeO_3 \longrightarrow 2Ba_2Fe(IV)O_4 + O_2 \tag{1.18}$$

$$6BaO_2 + 2FeSO_4 \longrightarrow 2BaSO_4 + 2Ba_2Fe(IV)O_4 + 2O_2 \tag{1.19}$$

此外，Kiselev Y. M. 等曾提出在氧气流下，温度控制在 350 ℃～370 ℃，煅烧三氧化二铁和过氧化钾的混合物制备高铁酸钾。

反应方程式如下：

$$2Fe_2O_3 + 6K_2O_2 \longrightarrow 4K_2FeO_4 + 2K_2O \quad (1.20)$$

该法用过氧化钾代替过氧化钠作为氧化剂，简化了反应过程和后处理过程，使产品质量得到了提高，通入的氧气可使中间产物氧化钾被氧化成过氧化钾，使原料得到了充分的利用。但由于该反应为放热反应，温度升高快，容易引起爆炸。

影响干式氧化法产物收率与纯度的主要因素有：

(1) 氧化剂的种类以及与铁化合物的配比，一般氧化剂用量为理论计算量的1.2～1.5倍；

(2) 加热程序，应根据高铁酸盐的热稳定性及水中的溶解性，确定适合的升降温程序和变化速率；

(3) 反应温度以及反应时间。

干式氧化法制备高铁酸盐的产品批量大、设备时空效率高、副产物较少，高铁酸盐收率和原料转化率较高，且能避免水分造成的分解损失，但高温状态下，高铁酸盐自分解也很严重。因为反应从开始到结束没有产物的分离和纯化过程，导致产物内或多或少的含有如碱金属、无机盐、金属氧化物等杂质，如果对产品纯度要求较高，还需要后续一系列烦琐的提纯操作。此外，反应所需温度高且反应过程大多都是放热过程，有发生爆炸的危险，需要严格控制反应条件。并且因为需要高温、高压及贫氧等条件，需要外部大型附属设备，所以成本也高，难以实现工业生产，目前这种方法已经很少采用。

1.2.2 湿式氧化法

1.2.2.1 基本原理

湿式氧化法又称次氯酸盐氧化法，该法由 Schreyer 在 1948 年提出，曾被认为是制备碱金属高铁酸盐的最好方法。其基本原理是利用次氯酸盐在浓碱溶液中将三价铁氧化成高铁酸盐。在强碱条件下，高铁酸根氧化还原电位低，有利于氧化反应的进行，且碱性条件下高铁酸盐更稳定，可使原料的转化率更高。反应过程如下：

$$2Fe^{3+} + 3ClO^- + 10OH^- \longrightarrow 2FeO_4^{2-} + 3Cl^- + 5H_2O \quad (1.21)$$

1.2.2.2 工艺流程与工艺条件

实验室合成高铁酸钾的主要步骤包括：① 二氧化锰或高锰酸钾与浓盐酸制得氯气，在良好的冷却条件下将氯气通入浓碱液，得到饱和的次氯酸盐溶液和白色的氯化物结晶沉淀，过滤去除结晶沉淀后留下滤液备用；② 在冷却和搅拌下将计量的三价铁源化合物按少量多次原则，分批缓慢加入到次氯酸盐溶液中，这样可以防止反应过程中因释放热量使溶液温度升高，而使次氯酸盐和所生成高铁酸钾的分解速度加快，待反应完全后得到高铁酸钾结晶和溶液的混合物；③ 固液分离与纯化处理，经干燥后得到紫黑色高铁酸钾粉末。基本工艺如图 1－9 所示。

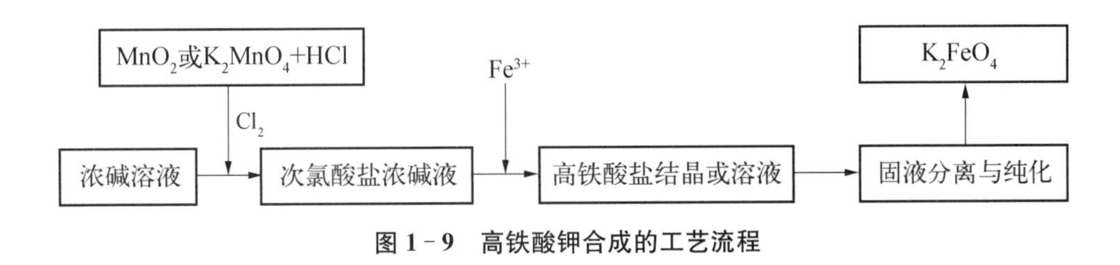

图 1－9　高铁酸钾合成的工艺流程

对上述工艺而言，反应原料（次氯酸盐、碱液和铁源的种类和浓度等）、氧化工艺条件（反应物的量以及各物质摩尔比、加料速度、反应温度和时间等）、转化分离的工艺条件（除盐、沉淀、分离）、纯化试剂和纯化工艺等对产品纯度、收率、成本有较大的影响。

次氯酸盐浓度是影响湿法制备高铁酸盐的主要因素之一，次氯酸盐本身不稳定，在氧化形成高铁酸盐的过程中，次氯酸盐也在发生自分解，所以在制备次氯酸盐溶液时应尽可能地提高其浓度，以保证后续反应能充分进行。

次氯酸与三价铁的摩尔比影响反应速度。两者摩尔比过高，会造成次氯酸的浪费；两者摩尔比过低，则氧化反应缓慢，且造成三价铁过剩，还会促使所制备的高铁酸盐分解，同样会降低产率。一般将次氯酸与铁的摩尔比控制在 1.5∶1 左右。

温度影响反应速度和高铁酸盐产品的稳定性。一定范围内，升温有助于提高反应速率，但温度过高会使次氯酸盐和新生成的高铁酸盐分解，所以需严格控制温度，反应温度一般控制在 20 ℃～30 ℃之间。

反应时间指铁原料加入次氯酸盐浓碱液生产高铁酸盐的时间，一般认为此反应在 1.5～2 h 内基本完成，即所有铁原料转化为高铁酸盐。时间不是越长越好，反应时间过长反而会使生成的高铁酸盐分解而导致产率降低。

综上所述，次氯酸盐氧化法制备高铁酸盐的一种氧化条件为：

(1) 反应温度：20 ℃～30 ℃；

(2) 反应时间：1.5～2 h；

(3) 次氯酸盐浓度：$>8\ mol\cdot L^{-1}$；

(4) 碱液浓度：>40%(W/W)；

(5) 铁盐浓度：40%～50%(W/W)；

(6) OCl^- 与 Fe 摩尔比：1.5∶1。

1.2.2.3 反应原料

理论上，氧化性较强、稳定性较差的次卤酸盐 MXO 或 $N(XO)_2$（其中 M=Na、K；N=Ca；X=Cl、Br、I）均可作为氧化剂，然而出于经济、纯度和产率的考虑，最多使用的是次氯酸钠和次氯酸钾。所用铁源包括 Fe^{2+} 和 Fe^{3+} 的常见无机盐，Fe^{3+} 的水和氧化物等。亚铁盐如氯化亚铁和硫酸亚铁等，目前应用较少。因硫酸铁电离出的硫酸根会加速高铁酸盐的分解，因此三价铁盐主要考虑氯化铁和硝酸铁，两者反应过程类似，以制备高铁酸钾为例，反应式如下：

$$FeCl_3 + 3NaOH \longrightarrow Fe(OH)_3 + 3NaCl \quad (1.22)$$

$$2Fe(NO_3)_3 + 3NaOH \longrightarrow Fe(OH)_3 + 3NaNO_3 \quad (1.23)$$

$$2Fe(OH)_3 + 3NaClO + 4NaOH \longrightarrow 2Na_2FeO_4 + 3NaCl + 5H_2O \quad (1.24)$$

$$Na_2FeO_4 + 2KOH \longrightarrow K_2FeO_4 + 2NaOH \quad (1.25)$$

从上式可以看出，使用三价铁盐会额外地消耗碱量，使反应体系碱浓度降低，另外此处生成氢氧化铁的过程是放热反应，容易造成高铁酸盐分解，影响产率，要是直接以氢氧化铁为原料则可以减少副作用。此外，硝酸铁[$Fe(NO_3)_3 \cdot 9H_2O$]和氯化铁[$FeCl_3 \cdot 6H_2O$]虽然都含有结晶水，会降低反应物浓度，使产率降低，但考虑到经济成本（氢氧化铁：2 138 元每 500 g；硝酸铁：22 元每 500 g；氯化铁：16 元每 500 g）和方便，上述的不利因素又是微乎其微的，加之有后续的一系列纯化处理，也能保证制备出的高铁酸盐处于一个较高纯度，所以，直接使用氢氧化铁作为铁源的较少。有研究表明，在相同条件下制备高铁酸钾，以氯化铁[$FeCl_3 \cdot 6H_2O$]为铁源，其产物纯度与产率分别为 89.2%和 30.5%，而以硝酸铁[$Fe(NO_3)_3 \cdot 9H_2O$]为铁源时，产物纯度和产率分别能达到 98.2%和 45.2%，原因是 Cl^- 还原性强于 NO_3^-，与 FeO_4^{2-} 发生反应导致产率降低。而强碱溶液中 Cl^- 和 NO_3^- 溶解度不同，使后续除盐过程 Cl^- 和 NO_3^- 去除率不同，从而影响产品纯度。所以目前广泛应用的铁源是硝酸铁[$Fe(NO_3)_3 \cdot 9H_2O$]。

1.2.2.4 纯化处理

早期用湿法制备出的高铁酸钾产率很低，产率不超过 10%～15%。为此，

Thompson等在1951年对湿法进行了改进，以提高高铁酸盐的纯度和产率。他们从两个方面入手：一是从原料上改进。最初高铁酸钾的制备是用三氯化铁作为铁源，这会使溶液中氯离子浓度太高，影响产品的产率和纯度，因此改用硝酸铁为铁源。二是对粗产品的纯化。高铁酸钾固体先用苯洗涤以去除水分，再用95%乙醇洗涤去除氢氧化物，最后用乙醚洗涤去除水和乙醇。改进后的湿法制备出的高铁酸钾产品纯度保持在92%～96%，产率提高到44%～76%。此后，对湿式氧化法的改进主要是从提高高铁酸盐产率、减小有机溶剂洗涤过程中对人体健康和环境造成损害的角度进行。如有人改用正己烷或正戊烷代替了有致癌作用的苯来除去高铁酸盐固体中的水，然后用甲醇来除去高铁酸钾中残留的氢氧化物、氯化物等不纯杂质，再用乙醚洗涤，加速高铁酸盐固体的干燥，最后经真空干燥制得产品；在制备过程中可以加入少量稳定剂以减少制备过程中高铁酸盐的分解，如$Na_2SiO_3 \cdot 9H_2O$、$CuCl_2 \cdot 2H_2O$等；针对制备过程中粗产品与母液难以分离这一实际问题，张军等通过强制高速离心初分，再用砂芯漏斗抽滤的办法较好地解决了这个问题，提高了制备的时效和产率，产率可达到60%～76%。

1.2.2.5　基本方法

以湿法制备高铁酸钾为例，又可分为直接法和间接法，分别以氢氧化钾和氢氧化钠溶液为碱液。直接法无须先合成中间产物Na_2FeO_4，而直接得到K_2FeO_4，直接法可简化工艺流程，有效提高产率。但直接法生产成本高，产物纯度较间接法也有所下降，所以目前广泛采用的还是间接法。

田宝珍等采用氢氧化钾与氢氧化钠的混合碱液（钾盐占钾钠盐总量的30%）或者提取湿法制备高铁酸钾后残留的次氯酸钠和次氯酸钾的混合废碱液，成功地制备出纯度大于90%的高铁酸钾晶体。有相关实验证明，通过采取钾钠混合碱法可以制得更高浓度的次氯酸盐溶液，使铁盐溶液氧化反应快速完成，所得溶液比较稳定，过滤操作方便快捷，同时大大提高了铁盐的转化率和生产率，而且回收利用了废碱液，降低了成本。

李聪等通过改进和优化直接法工艺，制备出了纯度高达99%的高铁酸钾。其工艺如下：

（1）分析天平称量一定的KOH固体，用去离子水溶解KOH固体，制成KOH溶液。

（2）用二氧化锰或高锰酸钾与浓盐酸反应制得氯气，再将氯气通入氢氧化钠溶液，同时伴随搅拌2 h，制得次氯酸钠溶液，如图1-10所示（使用高锰酸钾制氯气时不需要加热）。因为氯气是有毒有害气体，所以要在通风橱中完成此步操作。

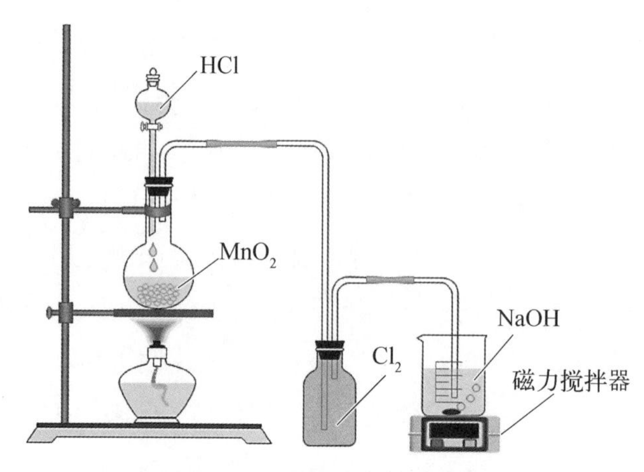

图 1-10　制备次氯酸钠溶液

反应方程如下：

$$MnO_2 + 4HCl \longrightarrow MnCl_2 + Cl_2\uparrow + 2H_2O \tag{1.26}$$

或

$$2KMnO_4 + 16HCl \longrightarrow 2MnCl_2 + 5Cl_2\uparrow + 8H_2O + 2KCl \tag{1.27}$$

$$Cl_2 + 2KOH \longrightarrow KClO + KCl + H_2O \tag{1.28}$$

(3) 加入过量氢氧化钾固体，使反应方程(1.28)中溶液达到饱和，再通过砂芯漏斗留下高浓度的次氯酸钾溶液。

(4) 控制在 10℃～15℃条件下，迅速搅拌次氯酸钾溶液，同时缓慢加入粉末状的硝酸铁，反应 1.5 h。反应结束后，将适量的 KOH 溶液倒入反应液中充分混合后静置约 0.5 h，如图 1-11 所示，反应式如下：

$$3KClO + 2Fe(NO_3)_3 + 10KOH \longrightarrow 2K_2FeO_4 + 3KCl + 6KNO_3 + 5H_2O \tag{1.29}$$

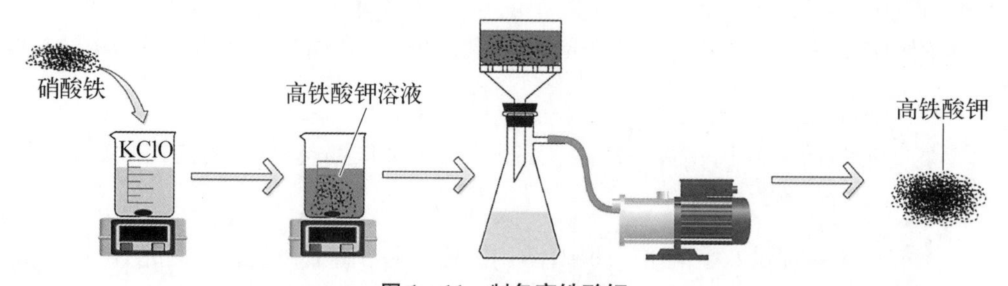

图 1-11　制备高铁酸钾

(5) 用砂芯抽滤器抽滤反应液，以形成高铁酸钾沉淀，将该沉淀用适量的氢氧化钠溶液清洗，再依次用正己烷、正戊烷、甲醇、乙醚洗涤，最后将固体抽滤至干燥粉末状。

(6) 将最终的固态高铁酸钾保存在低温干燥的环境中。

在实际操作中，湿法制备高铁酸盐操作程序烦琐，还需控制在较低温度下缓慢反应，未经纯化的产品纯度较低(一次结晶固体中高铁酸钾的含量一般小于 50%)。且次氯酸盐的制备和分解都涉及氯气的存在，不仅会严重腐蚀设备，而且会恶化由次氯酸盐制备高铁酸盐的工作环境。但湿法工艺技术路线清晰，制备条件也不高，相对于干法与电解法，湿法制备高铁酸盐钾成本更低，且研究得最多，生产工艺成熟，设备投资较少，可制得较高纯度的高铁酸钾晶体(经提纯后产品纯度能达到 98%以上)，因此湿法仍然是实验室制备高铁酸钾的最常用方法。

1.2.3　电解法

电解法制备高铁酸盐最早始于 Poggendor 等在 1841 年报道的恒电位条件下高铁酸盐的电解合成，其后人们对于电解法制备高铁酸盐的工艺开发和机理进行了大量的研究。电解法制备高铁酸盐主要分为两种：一是在制备过程中消耗、牺牲阳极的电解法，阳极材料为含铁材料(如纯铁、铁屑、铸铁和熟铁等)，电极形状一般为平板状、网状和颗粒状等，其原理是在浓碱溶液中，使阳极在过钝化区电位范围发生氧化溶解而生成六价铁酸盐。二是以非铁惰性材料(如石墨)为阳极，电解液含有三价铁源，在制备过程中阳极材料不消耗，三价铁在外加电场的作用下失去电子被氧化成六价铁。电解生成高铁酸根可分为三个阶段：① 电解开始至高铁酸根的产生，这一阶段生成中间产物和阴极极化吸附的氢被氧化；② 高铁酸根生成，此时伴随有阳极表面钝化膜的生成；③ 阳极表面完全钝化，只发生析氧反应，此时高铁酸根的产率为零。

电解槽是电解装置最重要的组成部分，有无隔膜槽、物理隔膜槽、离子交换隔膜槽三种类型。一种实验室电解制备高铁酸盐的简要装置如图 1－12 所示。

电极反应如下：

阳极反应：

$$Fe^{3+} + 8OH^- \longrightarrow Fe_xO_y \cdot nH_2O \longrightarrow FeO_4^{2-} + 4H_2O + 3e^- \tag{1.30}$$

或

$$Fe + 8OH^- \longrightarrow Fe_xO_y \cdot nH_2O \longrightarrow FeO_4^{2-} + 4H_2O + 6e^- \tag{1.31}$$

阴极反应：

$$2H_2O + 2e^- \longrightarrow H_2\uparrow + 2OH^- \tag{1.32}$$

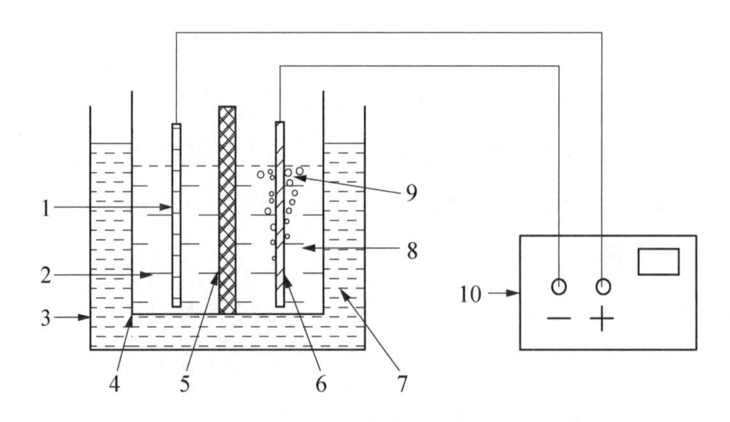

图 1-12　电解装置图

1—铁网阳极；2—阳极室；3—恒温槽；4—电解槽；5—离子交换膜；
6—镍板阴极；7—水；8—阴极室；9—氢气；10—直流稳压电源

总反应：　$$2Fe^{3+} + 10OH^- \longrightarrow 2FeO_4^{2-} + 2H_2O + 3H_2\uparrow \qquad (1.33)$$

或　$$Fe + 2OH^- + 2H_2O \longrightarrow FeO_4^{2-} + 3H_2\uparrow \qquad (1.34)$$

在饱和氢氧化钠电解液中，铁阳极电解制备高铁酸盐是一个三步骤相串联的反应，即铁原子先失去两个电子生成 $Fe(OH)_2$，然后再失去一个电子生成 $Fe(OH)_3$，接着有 $Fe(OH)_3$ 进一步氧化生成紫红色的 FeO_4^{2-}，主要反应历程如图 1-13 所示。

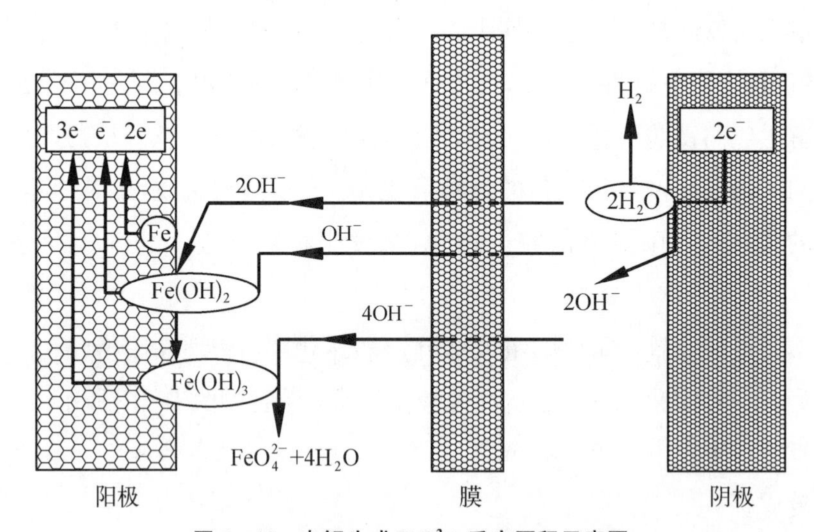

图 1-13　电解生成 FeO_4^{2-} 反应历程示意图

在生成高铁酸盐的过程中，铁网阳极失去电子被氧化成高价铁，这一过程会消耗阳极室的 OH^- 离子，导致阳极室 OH^- 离子浓度降低。阴极室的水得到电子被还原生成氢气和产生 OH^- 离子，阴极室产生的 OH^- 离子通过离子交换膜进入阳极室，可以补充阳极的部分消耗，以保证电解过程的持续进行，但阴极的补充是有限的，电解到一定程度要给电解液加碱或更换电解液。阴极产生的氢气具有还原性，会还原高铁酸盐，另外气泡附着在电极上会降低有效电极面积，影响制备效率，故必要时可以用氮气吹脱阴极室产生的氢气。

目前，电解法研究得较多的是电解制备高铁酸钾，电极材料，电压、电流密度、电解液的组成及浓度、电解温度、隔膜材质和添加剂等成为影响其产率的重要参数。有研究表明：用铁丝网作为阳极材料时电解效率最高，其效率是不锈钢的 13 倍，灰铸铁的 1.5 倍，这是因为铁丝网具有多孔网状结构，可以使电极与电解液充分接触，使电极和电解液得到充分的利用，而灰铸铁质地脆，难以做成网状结构；因为氢氧化钠的电流效率比氢氧化钾高，故电解液一般采用氢氧化钠，但其浓度不是越高越好，摩尔浓度超过 18 $mol \cdot L^{-1}$ 后电流效率会突然下降，这可能是因为高浓度下铁电极钝化速率加快，使铁溶出速率下降，所以制备过程中浓度一般取 14～16 $mol \cdot L^{-1}$，也有人采用 NaOH 与 KOH，NaOH 与 $Ba(OH)_2$ 等的混合碱液作为电解液，但电解效果并不理想。温度对高铁酸根的生成起正反两个方面的影响：一是高铁酸根生成是吸热反应，在电解初期升高温度，对高铁酸根的积累有利；二是高铁酸盐的分解在温度过高时会加快，所以在反应后期高温反而会降低产率。合适的电压对制备高铁酸盐也至关重要：当电压过低时，电解反应无法正常进行；而当电压过高时，又会产生许多的副反应，并导致电流的效率降低。各参数一般为：

(1) 阳极：纯度 99.9%的铁丝网；

(2) 阴极：纯度 99.9%的镍板；

(3) 阳极电解液：NaOH 溶液中溶质的质量分数为 50%～65%、NaCl 溶液中溶质的质量分数为 0.05%～1.0%；

(4) 阴极电解液：NaOH 溶液中溶质的质量分数为 45%～65%；

(5) 电流密度：50 $mA \cdot cm^{-2}$；

(6) 电压：0.6～1.5 V；

(7) 温度：35 ℃～50 ℃。

电解法存在两个明显的缺点：① 电解过程中，因铁阳极有难溶、不导电的 Fe_2O_3/Fe_3O_4 双分子膜形成，使电极钝化，Fe 的溶出速率变慢，影响高铁酸盐的生成；② 阳极上发生高铁酸盐被还原放出 O_2 的副反应，影响产率。由于阳极钝化和高铁酸盐的分解等原因，电解法一般只能得到摩尔浓度低于 0.1 $mol \cdot L^{-1}$ 的高铁酸盐溶液，必须经过结晶、提纯等工艺才能获得有应用价值的产品。然而，目前尚无适宜的方法对高铁酸盐溶液进行浓缩，所以电解法还远远不能满足实现工业化生产高铁酸盐的要求。

由于电解法具有设备系统性好、原料消耗少、灵活方便等特点，似乎更适合现场制备和投加的工艺过程。如何有效提高反应速率和电流效率是电解法制备高铁酸盐发展的关键问题。

第 2 章　高铁酸根的检测

2.1　高铁酸根检测的方法

高铁酸盐的制备、应用及稳定性研究大多都涉及高铁酸盐的测定,但目前还没有统一的测定方法。高铁酸盐的定量分析方法有亚砷酸盐法、亚铬酸盐法、分光光度法、循环伏安法和 EDTA 滴定法等。其中亚砷酸盐法和亚铬酸盐法属于氧化还原滴定法。相比较而言,氧化还原滴定法更准确、易操作。亚铬酸盐法每次分析前需新配制亚铬酸盐碱液,并要立刻使用。采用亚砷酸盐法分析高铁酸钾样品,即在碱性溶液中,利用高铁酸根离子氧化过量的亚砷酸盐,过量的亚砷酸盐再用碘液返滴,用淀粉溶液作指示剂进行滴定。两种方法所用的主要试剂都有较大的毒性。

2.1.1　亚砷酸盐法

亚砷酸盐法是一种较早提出的定量分析高铁酸盐的方法。其原理是在浓碱溶液中以已标定的砷酸盐还原高铁酸根离子,生成水合氢氧化铁。过量的砷酸盐用标准的溴酸盐溶液或标准的铈酸盐溶液滴定。所涉及的反应方程式如下:

$$2FeO_4^{2-}+3AsO_3^{3-}+11H_2O \longrightarrow 2Fe(OH)_3(H_2O)_3+3AsO_4^{3-}+4OH^- \quad (2.1)$$

$$5AsO_3^{3-}+2BrO_3^-+2H^+ \longrightarrow 5AsO_4^{3-}+Br_2+H_2O \quad (2.2)$$

$$3AsO_3^{3-}+2Ce^{3+}+6OH^- \longrightarrow 3AsO_4^{3-}+2Ce+H_2O \quad (2.3)$$

亚砷酸盐-溴酸盐法的测定温度为 70 ℃～80 ℃,快到终点时需补加指示剂。亚砷酸盐-铈酸盐法优于亚砷酸盐-溴酸盐法,但采用铈酸盐返滴定不宜用于测定氢氧化铁含量较高的高铁酸盐溶液。另外,亚砷酸盐法不适合于高铁酸钾溶液的分析,因为水溶液中高铁酸钾极易分解,并且含有大量三价铁的水合物,三价铁离子的颜色会导致指示剂终点变色模糊,难以判断终点。有文献提出,也可利用亚砷酸盐-碘法对高铁酸盐进行分析，即在碱性溶液中用高铁酸钾氧化亚砷酸钠，以淀粉作指示剂，过量的亚砷酸钠用碘液返滴定。

2.1.2 亚铬酸盐法

亚铬酸盐法是分析高铁酸盐固体纯度或高铁酸盐溶液浓度的经典方法。高铁酸盐属于强氧化剂，能够氧化醇类、含氮化合物以及烃类等有机物质。因此，它可以将亚铬酸盐氧化为铬酸盐。所涉及的主要反应方程式如下：

$$CrCl_3 + 4OH^- \longrightarrow Cr(OH)_4^- + 3Cl^- \tag{2.4}$$

$$Cr(OH)_4^- + FeO_4^{2-} + 3H_2O \longrightarrow Fe(OH)_4(H_2O)_3^- + CrO_4^{2-} \tag{2.5}$$

$$2CrO_4^{2-} + 2H^+ \longrightarrow Cr_2O_7^{2-} + H_2O \tag{2.6}$$

$$Cr_2O_7^{2-} + 6Fe^{2+} + 14H^+ \longrightarrow 6Fe^{3+} + 2Cr^{3+} + 7H_2O \tag{2.7}$$

被碱化的三价铬离子与高铁酸根反应，生成六价的铬酸根离子，六价铬酸根在酸性环境中生成重铬酸根，以二苯胺磺酸钠作指示剂，用硫酸亚铁铵标准溶液滴定生成的重铬酸根，就可以按公式计算出高铁酸盐的含量。

根据二价铁的浓度和所消耗的体积，按下式计算高铁酸钾的百分含量：

$$W_{K_2FeO_4}/\% = V_{Fe^{2+}} \times N_{Fe^{2+}} \times M_{K_2FeO_4} \times 100/(3\,000 m_{K_2FeO_4}) \tag{2.8}$$

式中，W——高铁酸钾的百分含量/%；

V——滴定时所消耗硫酸亚铁铵的体积/mL；

N——所用硫酸亚铁铵的浓度/$(mol \cdot L^{-1})$；

M——高铁酸钾的摩尔质量/$(g \cdot mol^{-1})$；

m——高铁酸钾的质量/g。

采用上述方法分析，根据二价铁的浓度和所消耗的体积，按下式计算高铁酸钾的浓度：

$$C_{K_2FeO_4} = V_{Fe^{2+}} \times N_{Fe^{2+}} \times 1\,000/(3\,000 \times V_{样品}) \tag{2.9}$$

式中，C——高铁酸钾的摩尔浓度/$(mol \cdot L^{-1})$；

V——滴定时所消耗硫酸亚铁铵的体积/mL；

N——所用硫酸亚铁铵的浓度/$(mol \cdot L^{-1})$；

$V_{样品}$——高铁酸钾的体积/mL。

此方法既适用于高铁酸盐固样分析，又适用于高铁酸盐溶液分析，尤其适用于分析稀溶液中的 FeO_4^{2-} 浓度。该方法具有较高的准确度和抗干扰能力，但在实践过程中却存在很多缺点，主要是所测数值的精密度差。溶液中无其他还原性杂质存在、固体高铁酸盐充分溶解等条件是保证该方法准确性的关键。

2.1.3　分光光度法

分光光度法是基于定量分析滴定法和物质分子对光的选择性吸收发展和建立起来的一种现代分析方法。其原理是先将 FeO_4^{2-} 还原成 Fe^{2+}，用 Fe^{2+} - phen 法对 FeO_4^{2-} 溶液进行标定，用所得 FeO_4^{2-} 标准溶液建立标准曲线。与滴定法相比，该法操作简便、快速、化学剂消耗少，适用于高铁酸盐溶液浓度的跟踪分析。该法主要适用于 FeO_4^{2-} 浓度较低的情况。大多数情况下，高铁酸盐溶液需进行稀释，而稀释过程中短时间的不均匀易造成 FeO_4^{2-} 的分解。对于此方法的应用存在许多争议，分光光度法的灵敏度较高，测定结果的误差较大，仅测定时所选择的波长就不尽一致。这就需要通过试验对波长进行重新确定。对于 K_2FeO_4、Na_2FeO_4 分光光度性质是否有差别目前尚无定论，所以测定 Na_2FeO_4 时沿用 K_2FeO_4 的最大吸收波长就缺乏理论根据。虽然对于大多数盐类，改变其阳离子不会影响其分光光度性质，如将 KCl 变为 NaCl，但对于某些盐类却会有很大改变，如 K_2CrO_7 和 Ag_2CrO_7。另外，在分光光度法测定 FeO_4^{2-} 时，Fe^{3+} 的干扰问题需着重处理。

分光光度法主要分为紫外-可见光谱法、ABTS 显色法、I_3^- 显色法。紫外-可见光谱法具有操作简便的优点，一般用于 pH 较为稳定的条件下。由于在波长 $\lambda=510$ nm 处高铁酸盐的吸光系数比较低[$\varepsilon=1\,150$ L·(mol·cm)$^{-1}$]，故其应用范围比较有限。ABTS 显色法用于酸性缓冲液条件下高铁酸盐的检测，高铁酸盐与无色试剂 ABTS 反应，生成呈绿色的稳定性较强的自由基，其在 $\lambda=415$ nm 处具有明显的吸收峰。该方法检测限位较低(0.03～0.035 μmol·L^{-1})，可用于对低浓度高铁酸盐溶液的分析与检测。I_3^- 显色法可在较宽的 pH(5.5～9.0)范围内用于高铁酸盐的定量分析，该法是向 pH 约为 9.0、浓度为 6.9～75.9 μmol·L^{-1} 的高铁酸盐溶液中添加过量的 NaI，生成的 I_3^- 在 $\lambda=351$ nm 处具有明显吸收峰，且吸光值与高铁酸盐浓度呈良好线性关系。但该法存在一定的局限性，当溶液中存在有机物时，I_3^- 的吸收光谱会受到影响，此时应扣除有机物的吸光值。表 2 - 1 为三种分光光度分析法特点的比较。

表 2-1 分光光度法检测高铁酸盐浓度的比较

分析方法	吸收离子	吸收波长 λ/nm	摩尔吸光系数 ε/(L·mol^{-1}·cm^{-1})	特点
紫外-可见光谱法	FeO_4^{2-}	510	1.15×10^3	吸收系数取决于 pH，因 Fe(VI)稳定性受 pH 影响，限制了其在酸性范围内的应用
ABTS 显色法	ABTS·$^+$	415	3.40×10^3	在 pH=4.3 的条件下，Fe(VI)的最低检出限位 0.03 μmol·L^{-1}
I_3^- 显色法	I_3^-	351	2.97×10^4	pH 适用范围为 5.5～9.3

2.1.4 循环伏安法

循环伏安法的原理是以铁电极为工作电极，测定含有高铁酸盐浓碱溶液的循环伏安曲线。高铁酸根的还原峰电流密度与高铁酸盐溶液的浓度成比例，高铁酸盐氧化还原电位为：

酸性介质：$Fe^{3+}+4H_2O \longrightarrow FeO_4^{2-}+8H^++3e^- \quad \varphi^0=2.20\ V$ (2.10)

碱性介质：

$$Fe(OH)_3+5OH^- \longrightarrow FeO_4^{2-}+4H_2O+3e^- \quad \varphi^0=0.72\ V \tag{2.11}$$

利用循环伏安法测定高铁酸根的具体做法如下：在新制备的复合高铁酸盐溶液中，按比例加入质量分数为10%的稳定助剂，搅拌使助剂与高铁溶液充分混合，40 ℃左右恒温水浴静置，用循环伏安法(测定时间间隔为 24 h)测定其最大还原电流(电流强度)，直至高铁酸盐完全分解。

研究表明，循环伏安法测定高铁酸盐时，电极形状和氢氧化钾溶液的浓度不会影响高铁酸盐溶液循环伏安曲线的测定结果。搅拌电解液可以提高测量的灵敏度，但不改变还原峰的位置。循环伏安法较分光光度法更灵敏，且其最低检出限可以达到 2.5×10^{-6} mol·L^{-1}。

2.1.5 EDTA 滴定法

EDTA(即乙二胺四乙酸)滴定法是在分光光度法基础上衍生出的新滴定法，该法是利用络合滴定的原理，其具有操作简单、方便、实用性高的特点。本法先将 FeO_4^{2-} 在酸性条件下还原成 Fe^{3+}，再以磺基水杨酸为指示剂，用 EDTA 标准溶液滴定，并进行定量分析。此方法与 Fe^{3+}-phen 法测定 FeO_4^{2-} 的结果一致，具有良好的实用性。其原理是在 pH＝1. 2～2. 5 时，Fe^{3+} 能与磺基水杨酸(Sal^{2-} 代表离子式)生成紫红色配合物：

$$Fe^{3+} + Sal^{2-} \longrightarrow [Fe(Sal)]^{+} \text{（紫红色）} \tag{2.12}$$

用 EDTA 标准溶液滴定：

$$Fe^{3+} + H_2Y^{2-} \longrightarrow FeY^{-} + 2H^{+} \tag{2.13}$$

$$[Fe(Sal)]^{+} + H_2Y^{2-} \longrightarrow FeY^{-} \text{（黄色）} + Sal^{2-} + 2H^{+} \tag{2.14}$$

溶液由紫红色变为微黄色时，即为滴定终点。因磺基水杨酸在水溶液中无色，而 FeY^{-} 显黄色，所以滴定终点是溶液颜色由紫红色变为黄色。

本方法利用配合滴定的原理，使测定过程变得较简单，而且由于本法中 FeO_4^{2-} 还原产物为 Fe^{3+}。Fe^{3+} 较稳定，其溶液颜色显浅黄色，易于判断，使该方法更具实用性。

此外，高铁酸盐的分析方法还有碘还原法和量气法。前者因为高铁酸盐自身分解和所含三价铁物质的存在，准确性较低。后者只适用于固样纯度的估测，且操作过程较为复杂。

2.2　高铁酸钾和高铁酸钠的检测

2.2.1　定性分析

高铁酸钾的定性检测一般用红外光谱法或 X 射线衍射法。

一定频率的红外辐射会导致被照物质分子在振动、转动能级上跃迁。当分子中某些化学键或基团(具有偶极特性)的振动频率与红外辐射频率一致时，分子能吸收此红外辐射(一种共振吸收)。由于高铁酸钾样品对不同频率红外光的吸收不同，若以一定频率连续改变红外光辐射，可得到以吸光度 A 或透射率 T 为纵坐标，红外辐射波数或波长为横坐标的红外光谱图。高铁酸钾的红外光谱在 800 cm^{-1} 处有强吸收峰，在 778 cm^{-1} 处有一肩峰，如图 2－1 所示。

图 2－2 分别为纯度 75％、90％和 99％的高铁酸钾 XRD 光谱图，图中编号为 002、111、211 和 013 的四个峰与高铁酸钾的分子结构相对应。从图中可以看出，高铁酸钾的纯度较高时，其峰值较为突出，并且对 XRD 的响应较为明显。

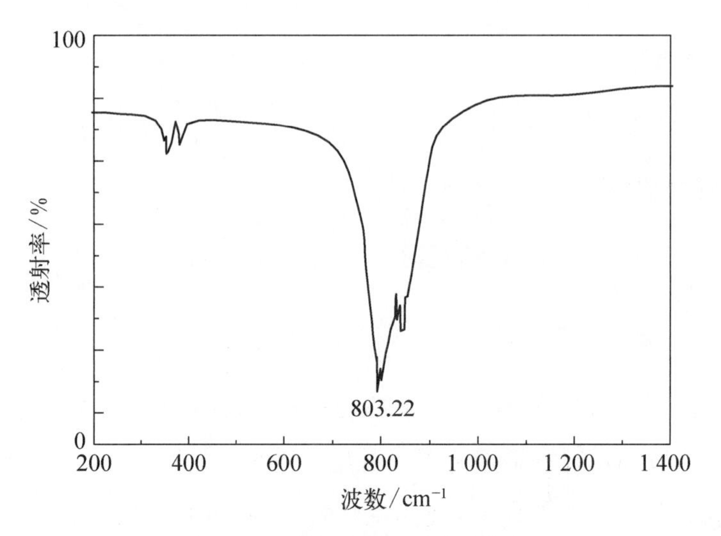

图 2-1　高铁酸钾的红外光谱图

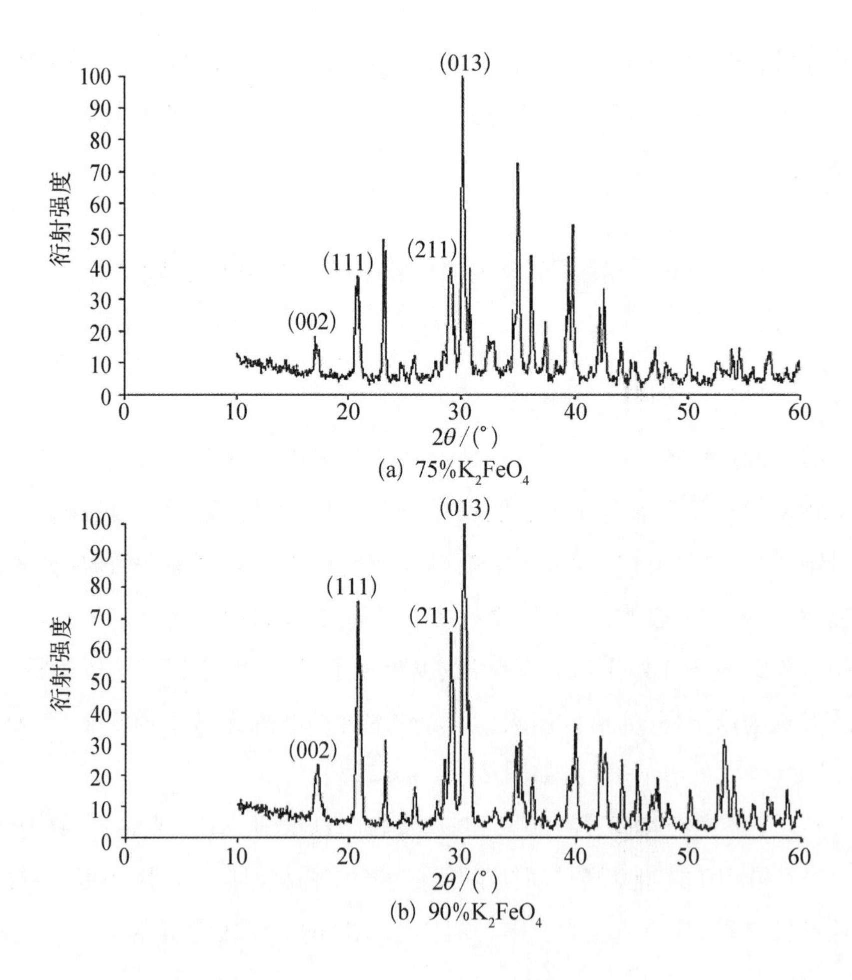

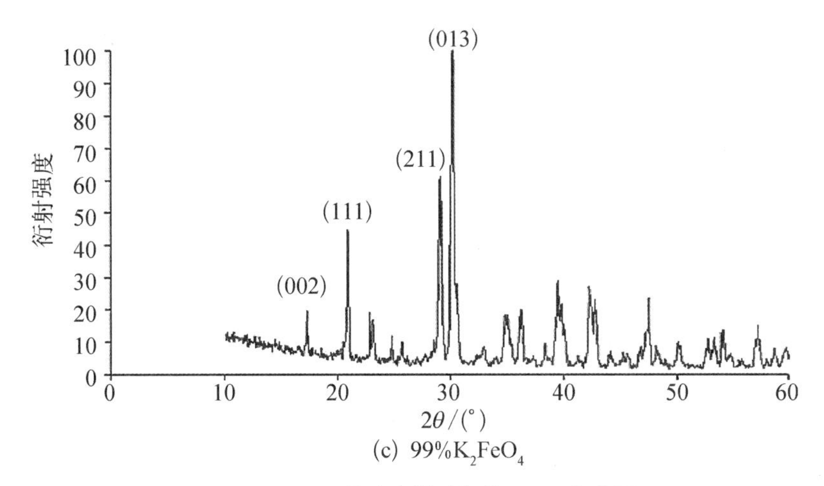

(c) 99%K_2FeO_4

图 2-2　不同纯度高铁酸钾的 XRD 光谱图

2.2.2　定量分析

亚铬酸盐法是分析固体高铁酸钾纯度较经典的方法，其重现性好，准确度、灵敏度和精密度均较高。亚铬酸盐法用于高铁酸钾固体样品的分析时，分析结果与所取高铁酸钾样品的质量有关。另外，对高铁酸钾溶液的定量分析多采用分光光度法。分光光度法操作简便快速，尤其适合于高铁酸盐溶液的跟踪分析。

2.2.2.1　亚铬酸盐法对高铁酸钾样品的分析

1. 反应原理

在强碱性溶液中，K_2FeO_4 能将亚铬酸盐氧化成铬酸盐，生成的铬酸盐溶液经酸化得到重铬酸钾溶液，最后用二价铁离子的标准溶液滴定。以二苯胺磺酸钠为指示剂，滴定终点时，溶液由紫色变为淡绿色。涉及的反应方程式如下：

$$Cr(OH)_4^- + FeO_4^{2-} + 3H_2O \longrightarrow Fe(OH)_3 \cdot 3H_2O + CrO_4^{2-} + OH^- \quad (2.15)$$

$$2CrO_4^{2-} + 2H^+ \longrightarrow Cr_2O_7^{2-} + H_2O \quad (2.16)$$

$$Cr_2O_7^{2-} + 6Fe^{2+} + 14H^+ \longrightarrow 2Cr^{3+} + 6Fe^{3+} + 7H_2O \quad (2.17)$$

2. 分析用试剂

三氯化铬储备液(用蒸馏水溶解 25 g $CrCl_3 \cdot 6H_2O$，定容于 150 mL 容量瓶中)；

饱和氢氧化钠溶液(去除还原性物质，500 mL 饱和氢氧化钠溶液中加入 0.05 g 左右的高铁酸钾，煮沸以去除剩余的过量高铁酸钾)；

硫酸溶液(体积比为 1∶1)；

硫酸-磷酸混合溶液（240 mL 蒸馏水中加入 60 mL 浓硫酸和 150 mL 浓度为 85%的磷酸）；

重铬酸盐标准溶液（约 0.25 $mol \cdot L^{-1}$）；

二价铁滴定液：硫酸亚铁氨$(NH_4)_2Fe(SO_4)_2$ 溶液（约 0.1 $mol \cdot L^{-1}$）；

二苯胺磺酸钠溶液（0.5 g 二苯胺磺酸钠溶解定容于 100 mL 容量瓶中）；

亚铬酸盐碱液的配制：向 20 mL 饱和氢氧化钠溶液中加入 3 mL 三氯化铬溶液，5 mL 蒸馏水混合均匀，冷却到室温，每次分析前要新制，然后使用。

3. 分析步骤

称取 0.15～0.20 g K_2FeO_4 的固体样品，加入到盛有强碱性亚铬酸盐溶液的锥形瓶中。加入样品时要小心，不要让样品碰壁。迅速搅拌，并用玻璃棒插入液面以下，将不溶的固体碾碎，直至 K_2FeO_4 全部溶解。完全溶解可能需要振荡或加热搅拌，这取决于样品的性质及颗粒的大小，过早的酸化会产生误差。

加入 150 mL 的蒸馏水，用 60～70 mL（体积比为 1∶5）的硫酸和 15 mL 的硫酸-磷酸的混合溶液酸化，加入 5～6 滴二苯胺磺酸钠作为指示剂，立即用二价铁离子进行标定。二价铁离子标准溶液在使用前立即用重铬酸钾标准溶液进行标定，溶液的颜色由紫红色变为淡绿色时为滴定的终点。

准确吸取 5.00 mL 含 FeO_4^{2-} 的溶液，缓慢加入亚铬酸盐碱液中，不要碰到瓶壁。

4. 数据处理

计算式：

$$W_{K_2FeO_4}/\% = V_{Fe^{2+}} \times N_{Fe^{2+}} \times M_{K_2FeO_4} \times 100/(3\,000 m_{K_2FeO_4}) \tag{2.18}$$

式中，W——高铁酸钾的质量分数/%；

V——滴定时所消耗硫酸亚铁铵的体积/mL；

N——所用硫酸亚铁铵的浓度/($mol \cdot L^{-1}$)；

M——高铁酸钾的摩尔质量/($g \cdot mol^{-1}$)；

m——高铁酸钾的质量/g。

5. 检测结果分析和讨论

(1) 溶解固体方式的影响

一些文献中指出，将 K_2FeO_4 完全溶于亚铬酸盐碱液需反复摇动，K_2FeO_4 颗粒的大小会影响溶解所需的时间。然而在实践中发现采用摇动的方法不能保证固体完全溶解。含有 0.1 g K_2FeO_4 的亚铬酸盐碱液在摇床上振荡 2 h，或将溶液放置过夜，仍可见到一些直径 1 mm 左右的颗粒。一方面 K_2FeO_4 在浓碱溶液中的溶解度本来就很小，20 ℃时饱和溶液的浓度约为 3 g·L^{-1}，40 ℃时饱和 K_2FeO_4 溶液的浓度仅为 6 g·L^{-1}。受溶解度限制，单纯摇动、振荡的效果不会很好。试验发现，溶液中加入亚铬酸盐碱液后，将 K_2FeO_4 溶液水浴加热至 35 ℃～40 ℃，与室温相比，不溶固体并无明显减少。另一方面，K_2FeO_4 加入亚铬酸盐碱液之后，表面立即与 Cr^{3+} 反应生成 $Fe(OH)_3$，阻碍 K_2FeO_4 的继续反应。试验中可观察到溶液振荡 2 h 后，将其中棕色颗粒物用玻璃棒碾碎，内部仍呈紫色。K_2FeO_4 溶解不充分必将导致结果的负误差。使用玻璃棒在液面以下将固体颗粒碾碎可圆满解决此问题，完全溶解仅需 30 min，测量结果见表 2-2。

表 2-2　溶解固体方式对测定的影响

溶解固体方式	摇床振荡 2 h	静置过夜	玻棒碾碎
测定纯度/%	80.71	79.50	99.23

(2) 酸度的影响

二苯胺磺酸钠作为一种氧化还原指示剂，氧化态为紫色，还原态为无色，反应终点由紫色到无色。值得注意的是二苯胺磺酸钠与氧化剂的显色反应需在浓度为 1～2 mol·L^{-1} 的酸性介质中进行，所以必须对滴定过程中酸的加入量进行探究。

氧化还原滴定法中，重铬酸盐一般在 1～2 mol·L^{-1} 的酸性介质中使用，常采用 1 mol·L^{-1} 硫酸溶液。氧化还原指示剂变色时，H^+ 的浓度一般约为 1 mol·L^{-1}。因此滴定时试验选择的硫酸溶液浓度为 1 mol·L^{-1}。以下计算需加入体积比为 1∶1 硫酸溶液的体积。

若需加入体积比为 1∶1 硫酸溶液的体积为 V mL，滴定时溶液体积为：

20 mL 饱和氢氧化钠溶液＋5 mL 三氯化铬溶液＋V mL 1∶1 硫酸溶液＋15 mL 硫酸-磷酸混合液＝(40＋V) mL；

饱和氢氧化钠溶液：$\rho=1.52\ \mathrm{g\cdot cm^{-3}}$；

1∶1 硫酸溶液：$\rho'=1.55\ \mathrm{g\cdot cm^{-3}}$，则

$$n_{\mathrm{NaOH}}=\frac{20\ \mathrm{mL}\times 1.52\ \mathrm{g\cdot cm^{-3}}}{40\ \mathrm{g\cdot mol^{-1}}}=0.76\ \mathrm{mol}$$

$$n_{\mathrm{H_2SO_4}}=\frac{V\ \mathrm{mL}\times 1.55\ \mathrm{g\cdot cm^{-3}}}{98\ \mathrm{g\cdot mol^{-1}}}$$

饱和氢氧化钠溶液和硫酸溶液中存在的化学反应如下：

$$H_2SO_4 + 2NaOH \longrightarrow Na_2SO_4 + 2H_2O \tag{2.19}$$

由于 1 mol H_2SO_4 可与 2 mol NaOH 反应，为保证滴定时硫酸溶液的浓度为 1 mol·L^{-1}，需满足下式：

$$\frac{(n_{H_2SO_4} - n_{NaOH}/2)}{(40+V)} \times 1\,000 = 1$$

$$\frac{(1.158 \times 10^{-2}V - 0.38)}{40+V} \times 1\,000 = 1$$

则

$$V = 28.4 \text{ mL}$$

经计算可知，加入 28.4 mL 硫酸溶液后，可保证滴定时硫酸溶液的浓度为 1 mol·L^{-1}。为了方便计量，取 1∶1 硫酸溶液体积 30 mL。试验证明，只要保证滴定前硫酸溶液浓度在 1 mol·L^{-1} 以上，显色反应明显，滴定反应可顺利进行。此结果可消除某些学者认为该反应终点不够敏锐的误解。

(3) 温度的影响

FeO_4^{2-} 与 Cr^{3+} 的应完成后，加入 30 mL 1∶1 硫酸溶液会使溶液温度急剧升高至 80 ℃左右。研究发现，在重铬酸盐溶液中加酸，二苯胺磺酸钠变紫色后，由于温度的上升，溶液的紫色在 2 min 内会逐渐褪去。这说明在该条件下指示剂会发生明显的分解反应。所以在测定中，加入 30 mL 1∶1 硫酸溶液后，迅速用流水将溶液冷却至室温，再加混酸、指示剂，可保证显色反应正常进行。

(4) 二价铁滴定液浓度的影响

试验发现，使用 0.1 mol·L^{-1} 硫酸亚铁氨溶液，滴定终点显著。对于 0.1 g 左右的 K_2FeO_4 样品，0.1 mol·L^{-1} 硫酸亚铁氨溶液的滴定体积为 10～20 mL。对于 K_2FeO_4 含量较低的样品，尤其是某些液体样品，0.1 mol·L^{-1} 硫酸亚铁氨溶液的滴定体积只需几毫升。在分光光度法测定 FeO_4^{2-} 过程中，标准曲线的横轴浓度需由滴定法校正。K_2FeO_4 标准曲线的浓度上限约为 0.5 g·L^{-1}，5 mL 该溶液的滴定体积约为 0.3 mL，这给 K_2FeO_4 标准曲线的绘制带来较大误差。

(5) 二价铁滴定液的标定方法的影响

试验中常使用邻菲啰啉(试亚铁灵)和二苯胺磺酸钠作指示剂标定硫酸亚铁氨溶

液。试验研究发现，使用两种不同指示剂时终点并不一致。

取 2 份体积为 10.00 mL，浓度为 0.10 mol • L^{-1} 重铬酸钾溶液于两个锥形瓶中。分别取 30 mL 1∶1 硫酸溶液、2 滴邻菲啰啉和 10 mL 1∶1 硫酸溶液、5 滴 0.5%二苯胺磺酸钠，用 0.1 mol • L^{-1} 硫酸亚铁氨溶液滴至终点，记录滴定体积，结果见表 2-3。从结果可以看出，两种指示剂的滴定终点并不一致，需分别讨论各自的终点误差。

表 2-3　指示剂对 $(NH_4)_2Fe(SO_4)_2$ 标定的影响

指 示 剂	滴定体积/mL					平均值
	1	2	3	4	5	
邻菲啰啉	24.98	24.95	24.96	24.96	24.97	24.96
二苯胺磺酸钠	25.05	25.04	25.08	25.07	25.06	25.06

① 二苯胺磺酸钠的终点误差：

根据终点误差的定义，Fe^{2+} 滴定 $Cr_2O_7^{2-}$ 终点误差的计算公式为：

$$TE(\%)=\frac{C_{Fe^{2+}}^{ep}-6C_{Cr_2O_7^{2-}}^{ep}}{C_{Cr^{3+}}^{eq}}\times 100\% \tag{2.20}$$

0.1 mol • L^{-1} 硫酸亚铁氨溶液滴定 0.04 mol • L^{-1} 重铬酸钾溶液，1 mol • L^{-1} 硫酸溶液作为介质，二苯胺磺酸钠作指示剂，终点误差计算如下：

由于滴定到终点时，Fe^{2+} 与 $Cr_2O_7^{2-}$ 消耗的体积比为 2.5∶1，因此终点时，

$$C_{Fe^{3+}}^{eq}=\frac{2.5}{2.5+1}\times 0.1=0.071\ \text{mol}\cdot L^{-1}$$

$$C_{Cr^{3+}}^{eq}=\frac{1}{3}C_{Fe^{3+}}^{eq}=0.024\ \text{mol}\cdot L^{-1}$$

选择二苯胺磺酸钠作指示剂，其克式量电位 $E^{0'}=0.84$ V，滴定终点电位 $E_{eq}=0.84$ V。

根据能斯特公式：

$$E=E_{Fe^{3+}/Fe^{2+}}^{\ominus}+0.059\lg\frac{C_{Fe^{3+}}}{C_{Fe^{2+}}} \tag{2.21}$$

$$=E_{Cr_2O_7^{2-}/Cr^{3+}}^{\ominus}+\frac{0.059}{6}\lg\frac{C_{Cr_2O_7^{2-}}}{C_{Cr^{3+}}^{2}} \tag{2.22}$$

1 mol • L^{-1} 硫酸溶液介质中，

$$E^{\Theta}_{Fe^{3+}/Fe^{2+}}=0.68\ V,\ E^{\Theta}_{Cr_2O_7^{2-}/Cr^{3+}}=1.00\ V$$

由能斯特公式：

$$0.84=0.68+0.059\lg\frac{0.071}{C^{ep}_{Fe^{2+}}} \tag{2.23}$$

求得：
$$C^{ep}_{Fe^{2+}}=1.38\times10^{-4}\ mol\cdot L^{-1}$$

由能斯特公式：

$$0.84=1.00+\frac{0.059}{6}\lg\frac{C^{ep}_{Cr_2O_7^{2-}}}{0.024^2} \tag{2.24}$$

求得：
$$C^{ep}_{Cr_2O_7^{2-}}=3.08\times10^{-20}\ mol\cdot L^{-1}$$

$$TE(\%)=\frac{1.38\times10^{-4}-6\times3.08\times10^{-20}}{0.024}\times100\%=0.58\%$$

② 邻菲啰啉的终点误差：

以邻菲哆琳作指示剂，硫酸溶液的浓度约为 4～5 $mol\cdot L^{-1}$，终点误差计算如下。

终点时：

$$C^{eq}_{Fe^{3+}}=0.071\ mol\cdot L^{-1},\ C^{eq}_{Cr^{3+}}=0.024\ mol\cdot L^{-1}$$

邻菲啰啉克式量电位 $E^{0'}=1.06$ V，滴定终点电位 $E_{eq}=1.06$ V。

$$E^{0'}_{Cr_2O_7^{2-}/Cr^{3+}}=1.15\ V(4\ mol\cdot L^{-1}\ H_2SO_4)$$

根据能斯特公式：

$$1.06=0.68+0.059\lg\frac{0.071}{C^{ep}_{Fe^{2+}}} \tag{2.25}$$

求得：
$$C^{ep}_{Fe^{2+}}=2.57\times10^{-8}\ mol\cdot L^{-1}$$

根据能斯特公式：

$$1.06=1.15+\frac{0.059}{6}\lg\frac{C^{ep}_{Cr_2O_7^{2-}}}{0.024^2} \tag{2.26}$$

求得：
$$C^{ep}_{Cr_2O_7^{2-}}=4.05\times10^{-13}\ mol\cdot L^{-1}$$

$$TE(\%)=\frac{2.57\times10^{-8}-6\times4.05\times10^{-13}}{0.024}=1.1\times10^{-6}$$

比较两种指示剂的结果可以看出，两种滴定方式均为正误差。采用邻菲啰琳作指示剂时，终点误差小得多。在试验中，采用二苯胺磺酸钠时的滴定体积更大，这与计算结果相一致。由于目前手册中只有

$$E^{\ominus}_{Fe^{3+}/Fe^{2+}} = 0.68\ V(1\ mol \cdot L^{-1}\ H_2SO_4) \tag{2.27}$$

如果酸度增大至 4～5 $mol \cdot L^{-1}$，$E^{\ominus}_{Fe^{3+}/Fe^{2+}}$ 会变小，这样求得的 $C^{ep}_{Cr_2O_7^{2-}}$ 将会更小，邻菲啰啉的终点误差会小于计算值。因此，在标定 Fe^{2+} 时，应选择邻菲啰啉为指示剂，以便有更小的终点误差，使标定 Fe^{2+} 有更高的准确度。

(6) ClO^- 干扰的去除

ClO^- 是 FeO_4^{2-} 定量分析中一种常见的干扰离子，如次氯酸盐氧化法制高铁酸盐的母液中就含有大量的 ClO^- 和 FeO_4^{2-}。两者氧化还原电势分别为：

$$FeO_4^{2-} + 2H_2O + 3e^- \longrightarrow FeO_2^- + 4OH^- \quad \varphi^0 = 0.9\ V \tag{2.28}$$

$$ClO^- + H_2O + 2e^- \longrightarrow Cl^- + 2OH^- \quad \varphi^0 = 0.89\ V \tag{2.29}$$

碱性条件下 ClO^- 的氧化还原电位与 FeO_4^{2-} 非常接近，它可以氧化 FeO_4^{2-} 所能氧化的所有物质。溶液中若两者共存，测定时加入 Cr^{3+}，ClO^- 同样也可以将其氧化为 Cr^{6+}，这就给 FeO_4^{2-} 的测定带来误差。由于 ClO^- 在溶液中存在以下反应：

$$ClO^- + Cl^- + H_2O \longrightarrow Cl_2 + 2OH^- \tag{2.30}$$

ClO^- 被 Cr^{3+} 还原的程度难以量化，因此，若对 ClO^-、FeO_4^{2-} 共存的溶液进行滴定，在加入 1∶1 硫酸溶液后的混合液中会逸出大量气体，测定的结果精度较差。

通过滴定法与分光光度法的结合可以较好地解决这一问题。先由高纯度的 K_2FeO_4 配制不含 ClO^- 的溶液，绘制 K_2FeO_4 标准曲线，再由滴定法校正标准曲线的横轴浓度，这时滴定不会有 ClO^- 的干扰。之后测定含 ClO^- 溶液的吸光度，根据标准曲线可得 FeO_4^{2-} 浓度。

(7) ClO^- 的测定

在 ClO^- 与 FeO_4^{2-} 共存的条件下，有时需要准确测定 ClO^- 的浓度，这时就必须避免 FeO_4^{2-} 的干扰。根据以下反应，采用碘量法滴定 ClO^- 与 FeO_4^{2-} 的总量，再用分光光度法测定 FeO_4^{2-} 的含量，总量减去 FeO_4^{2-} 的含量即为 ClO^- 的含量。

$$FeO_4^{2-} + H_2O + 3e^- \longrightarrow Fe(OH)_3 + 5OH^- \quad \varphi^0 = 0.72\ V \tag{2.31}$$

$$2I^- - 2e^- \longrightarrow I_2 \quad \varphi^0 = -0.56\ V \tag{2.32}$$

碱性条件下 FeO_4^{2-} 可与 I^- 反应

$$2FeO_4^{2-} + 6I^- + 8H_2O \longrightarrow 2Fe(OH)_3 + 3I_2 + 10OH^- \tag{2.33}$$

在酸性条件下 $Fe(OH)_3$ 转化为游离的 Fe^{3+}

$$Fe^{3+} + e^- \longrightarrow Fe^{2+} \quad \varphi^0 = 0.771\ V \tag{2.34}$$

Fe^{3+} 可与 I^- 继续反应

$$2Fe^{3+} + 2I^- \longrightarrow 2Fe^{2+} + I_2 \tag{2.35}$$

总反应方程式为：

$$FeO_4^{2-} + 4I^- + 4H_2O \longrightarrow Fe^{2+} + 2I_2 + 8OH^- \tag{2.36}$$

2.2.2.2 分光光度法对高铁酸钾样品的分析

1. 分析用试剂和仪器

K_2FeO_4 溶液：纯度为 98.92%～99.23%；

饱和 KOH 溶液；

饱和 NaOH 溶液和 14 mol・L^{-1} 的 NaOH 溶液；

低速离心机；

VIS－7220 分光光度计。

2. K_2FeO_4 标准曲线的绘制

取 25 mg 的 K_2FeO_4 样品加入 40 mL 饱和 KOH 溶液中，玻棒搅拌使其充分溶解。溶液用 G3 玻砂漏斗过滤。取 10 mL 滤液用饱和 KOH 稀释至 50 mL，得 0.5 g・L^{-1} 的 K_2FeO_4 溶液。取 5 mL 溶液饱和 KOH 稀释 5 倍，K_2FeO_4 浓度 0.1 g・L^{-1}，在波长为 400～600 nm 范围内测定溶液吸光度，每隔 10 nm 测定一次。记录最大吸收波长 λ_{max}，参比溶液为饱和的 KOH 溶液。

精确吸取 0.5 g・L^{-1} K_2FeO_4 溶液 2.50 mL、5.00 mL、10.00 mL、15.00 mL、20.00 mL，饱和 KOH 溶液稀释至 20.00 mL，在 λ_{max} 处以 1 cm 比色皿，依次测定各溶液的吸光度，参比溶液为饱和 KOH 溶液。

以 0.01 mol・L^{-1} 硫酸亚铁氨溶液滴定 K_2FeO_4 溶液，测定其实际浓度，得 K_2FeO_4 标准曲线。

3. Na_2FeO_4 标准曲线的绘制

由于缺乏提纯方法，迄今为止尚未制得 Na_2FeO_4 纯品，实验室可制得纯度为

35%的 Na_2FeO_4 样品。75 mL 水中加入 30 g NaOH 固体，冰浴保持液温在 20 ℃以下，通入 Cl_2 使溶液增重 20 g 左右。再加入 30 g NaOH 固体，过滤。滤液用冰水冷却后，加入 20 g $Fe(NO_3)_3 \cdot 9H_2O$。溶液冷却至 10 ℃～15 ℃，加入固体 NaOH 直至溶液饱和。玻砂漏斗抽滤得深紫色固体，按上述方法测定 FeO_4^{2-} 含量。

4. 检测结果分析和讨论

(1) K_2FeO_4 最大吸收波长的测定

K_2FeO_4 最大吸收波长的测定结果如表 2-4 所示。

表 2-4　K_2FeO_4 最大吸收波长的测定（C=0.1 g・L^{-1}）

序号	λ/nm (400～460 nm)	A	λ/nm (470～520 nm)	A	λ/nm (530～600 nm)	A
1	400	0.214	470	0.302	530	0.260
2	410	0.237	475	0.315	540	0.262
3	420	0.251	480	0.303	550	0.264
4	430	0.264	490	0.238	560	0.266
5	440	0.276	500	0.258	570	0.260
6	450	0.278	510	0.251	580	0.251
7	460	0.286	520	0.257	590	0.234
8	—	—	—	—	600	0.213

由表 2-4 的结果可以看出，K_2FeO_4 的最大吸收波长 λ_{max}=475 nm，通常依据吸收波长 λ=510 nm，摩尔吸光系数 ε=1 150 L・(mol・cm)$^{-1}$ 计算高铁酸钾浓度。

(2) K_2FeO_4 标准曲线的绘制

试验所得的 K_2FeO_4 标准曲线的数据见表 2-5，K_2FeO_4 的标准曲线绘制如图 2-3 所示。

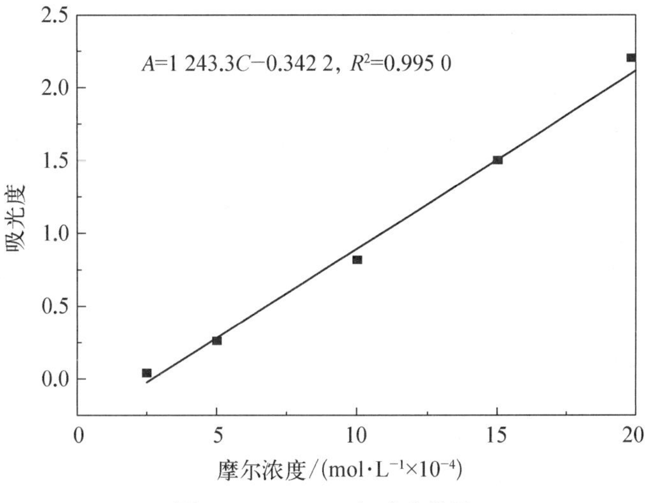

图 2-3　K_2FeO_4 标准曲线图

表 2-5 K_2FeO_4 标准曲线

$C/(mol \cdot L^{-1})$	2.505×10^{-4}	5.010×10^{-4}	1.002×10^{-4}	1.503×10^{-3}	2.004×10^{-3}
A	0.040	0.261	0.818	1.503	2.202

(3) Na_2FeO_4 最大吸收波长的测定

取 1 g Na_2FeO_4 混合物溶于 50 mL 饱和 NaOH 溶液中,玻璃棒搅拌。滴定法测定溶液中 Na_2FeO_4 浓度约 5.4 g·L^{-1},溶液用饱和 NaOH 稀释 50 倍,所得溶液中 Na_2FeO_4 浓度为 0.1 g·L^{-1}。用分光光度计在波长为 400~600 nm 范围内测定其吸光度,每隔 10 nm 测定一次,结果见表 2-6。

表 2-6 Na_2FeO_4 混和溶液最大吸收波长的测定(C=0.1 g·L^{-1})

序 号	λ/nm (400~460 nm)	A	λ/nm (470~530 nm)	A	λ/nm (540~600 nm)	A
1	400	0.826	470	0.727	540	0.562
2	410	0.820	480	0.705	550	0.561
3	420	0.830	490	0.609	560	0.549
4	430	0.816	500	0.619	570	0.543
5	440	0.798	510	0.586	580	0.523
6	450	0.766	520	0.579	590	0.501
7	460	0.746	530	0.580	600	0.473

由测定结果可看出,Na_2FeO_4 混和溶液的吸光度在 400~600 nm 范围内无最大吸收波长,吸光度随波长的增大而减小,这可能是因为碱性条件下 Fe^{3+} 干扰所致。

(4) Fe^{3+} 吸光度的测定

取 5 g $Fe(NO_3)_3 \cdot 9H_2O$ 加 50 mL 水,用 2 mol·L^{-1} 的 NaOH 调至 pH=14。G1 玻砂漏斗过滤后,测得滤液中总铁浓度约 260 mg·L^{-1}。滤液稀释 5 倍,在波长为 400~600 nm 范围内测定其吸光度,每隔 10 nm 测定一次,结果见表 2-7。

表 2-7 Fe^{3+} 最大吸收波长的测定

序 号	λ/nm (400~460 nm)	A	λ/nm (470~530 nm)	A	λ/nm (540~600 nm)	A
1	400	0.508	470	0.198	540	0.025
2	410	0.472	480	0.166	550	0.025
3	420	0.438	490	0.055	560	0.024
4	430	0.378	500	0.058	570	0.023

续 表

序 号	λ/nm (400～460 nm)	A	λ/nm (470～530 nm)	A	λ/nm (540～600 nm)	A
5	440	0.314	510	0.034	580	0.025
6	450	0.263	520	0.026	590	0.028
7	460	0.225	530	0.025	600	0.033

以表2-7中数据绘制的 Na_2FeO_4 混和溶液、Fe^{3+} 溶液的吸光度与波长关系图如图2-4所示。结果显示，Fe^{3+} 在pH=14，波长为400～600 nm范围内无最大吸收波长，溶液吸光度随波长的增大而减小。Fe^{3+} 与 Na_2FeO_4 吸收峰的形状非常类似。研究发现，Fe^{3+} 的水解产物是 $[Fe(OH)_2]^+$、$Fe(OH)_3$、$[Fe(OH)_4]^-$、$[Fe_2(OH)_3]^{3+}$ 等的混和，所以不存在最大吸收波长。这很可能是由于 Fe^{3+} 强的吸收峰与 Na_2FeO_4 的吸收峰叠加后，使后者的最大吸收峰消失了。由于这种干扰因素的存在以及 Na_2FeO_4 纯品无法制备，迄今尚未有人测得 Na_2FeO_4 的最大吸收波长 λ_{max}。

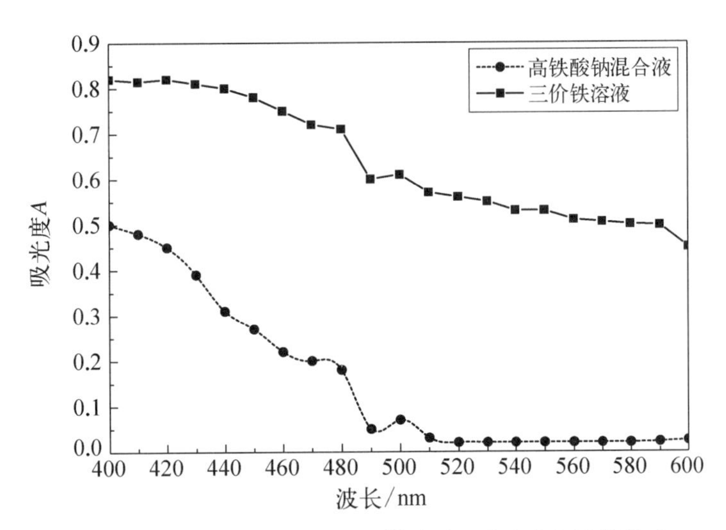

图2-4 Na_2FeO_4 混合溶液、Fe^{3+} 溶液吸收光度与波长关系

一些相关文献指出，对于采用 $FeCl_3$ 和NaClO制得的 Na_2FeO_4，在用分光光度法测定其 FeO_4^{2-} 含量时，由于NaClO过量，溶液中有大量未反应的 ClO^-，因而无法用滴定法准确测定 FeO_4^{2-} 浓度。试验研究常假设 Fe^{3+} 完全转化为 FeO_4^{2-}，以计算标液中 FeO_4^{2-} 浓度，这显然缺乏足够的说服力。FeO_4^{2-} 易分解，Na_2FeO_4 标液未经滴定法标定，Na_2FeO_4 标准曲线本身的误差即无法准确衡量。此外，试验研究的结果也说明 Na_2FeO_4 与 Fe^{3+} 混合溶液无最大吸收波长。一些学者的做法是采用了波长

505 nm，这种做法同样缺少充分的理论根据。溶液中的 ClO^- 干扰滴定法、溶液中的 Fe^{3+} 干扰分光光度法是分光光度法测定 Na_2FeO_4 的两个主要障碍。

改进的做法是：先制得 Na_2FeO_4 与 $Fe(OH)_3$ 的混和物，抽滤使固体充分干燥，去除其中未反应的 NaClO，采用混和物配制 Na_2FeO_4 标准溶液。由于标液中此时不含 ClO^-，所以可以用滴定法准确标定其浓度，顺利解决了 ClO^- 干扰问题。Fe^{3+} 的影响则力图通过分离 Fe^{3+} 或掩蔽 Fe^{3+} 进行消除。

(5) 分离方式对 Fe^{3+} 吸光度的影响

根据图 2-4 的研究结果，玻砂漏斗过滤和离心分离均可在碱性条件下去除 Fe^{3+}。以下试验比较不同分离方式对 Fe^{3+} 吸光度的影响。

取 5 g $Fe(NO_3)_3 \cdot 9H_2O$ 加 50 mL 水，用 2 $mol \cdot L^{-1}$ 的 NaOH 溶液调至 pH=14，溶液分别经 G5 玻砂漏斗过滤和 2 000 $r \cdot min^{-1}$ 离心分离 10 min，测定滤液及离心液吸光度。结果见表 2-8。

对比表 2-7 与表 2-8 的结果，可以看出分别经 G5 玻砂漏斗过滤和离心分离，在波长为 440～600 nm 范围内滤液和离心液的吸光度已降至 0.01 以下，说明两种方式均可将 Fe^{3+} 有效地除去，且离心分离效果优于 G5 玻砂漏斗过滤。

表 2-8　分离方式对 Fe^{3+} 吸光度的影响

序　号	λ/nm	A		λ/nm	A	
		离　心	G5 过滤		离　心	G5 过滤
1	400	0.028	0.143	500	0	0.003
2	420	0.004	0.025	520	0	0.002
3	440	0.002	0.009	540	0	0.002
4	460	0.001	0.004	560	0	0.003
5	480	0.002	0.004	580	0	0.006
6	—	—	—	600	0.001	0.003

(6) 离心分离过程因素的影响

由于制得的 Na_2FeO_4 和 $Fe(OH)_3$ 混和在一起，取一定量固体用 NaOH 溶液溶解会有以下问题：一方面，若 NaOH 溶液浓度过高，所得溶液会很黏稠，离心分离的效果较差；另一方面，若 NaOH 溶液浓度过低会使 Na_2FeO_4 易分解。所以应在保证离心分离效果较好的前提下尽量选择高浓度的 NaOH 溶液。此外离心转速及离心时间对分离效果亦有影响。

取 1 g Na_2FeO_4 混合物溶解于 50 mL NaOH 溶液中，离心分离后，在波长为

400～600 nm 范围内，用分光光度计测定离心液是否有最大吸收波长。结果见表 2－9。

表 2－9　离心分离过程因素的影响

NaOH 浓度	离心转速/($r \cdot min^{-1}$)	离心时间/min	是否有最大吸收
饱和	4 000	10	否
饱和	4 000	20	否
$14\ mol \cdot L^{-1}$	4 000	10	否
$14\ mol \cdot L^{-1}$	4 000	20	是

由表 2－9 可知，使用 $14\ mol \cdot L^{-1}$ NaOH 溶液溶解混合物后，以 $4\ 000\ r \cdot min^{-1}$ 转速离心分离 20 min，可测得 Na_2FeO_4 溶液的最大吸收波长，结果见表 2－10。

表 2－10　Na_2FeO_4 混合溶液最大吸收波长的测定($C=0.1\ g \cdot L^{-1}$)

序　号	λ/nm (400～460 nm)	A	λ/nm (530～600 nm)	A
1	400	0.265	530	0.370
2	410	0.273	540	0.356
3	420	0.277	550	0.356
4	430	0.296	560	0.339
5	440	0.293	570	0.330
6	450	0.350	580	0.313
7	460	0.378	590	0.298
8	—	—	600	0.256

由表 2－10 结果分析可知离心液的最大吸收波长 $\lambda_{max}=475$ nm。准确滴定离心液中 FeO_4^{2-}，并测定其中总铁含量。FeO_4^{2-} 的浓度为 $6.862\times10^{-4}\ mol \cdot L^{-1}$，总铁的浓度 $6.873\times10^{-4}\ mol \cdot L^{-1}$。两个数值吻合得较好，说明离心液中的铁是以 FeO_4^{2-} 的形式存在。因此可以断定 Na_2FeO_4 的最大吸收波长 $\lambda_{max}=475$ nm。至此，分光光度法测定 Na_2FeO_4 的两大障碍已被清除。

经试验测定，Na_2FeO_4 的最大波长 $\lambda_{max}=475$ nm。由表 2－8 结果，在此波长附近，离心液和滤液的吸光度已低至 0.004 以下，接近仪器本身的误差。而在一般的分光光度测定中，为保证浓度测量的相对误差较小，溶液的吸光度应为 0.2 以上。这样，经离心分离或玻砂漏斗过滤后 Fe^{3+} 对吸光度的影响可以忽略不计。因此，这两种分离方法可用于 FeO_4^{2-} 分光光度测定中 Fe^{3+} 干扰的去除。对于大多金属离子的分光光度测定，如 As、Be、Cd、Cr、Cu、Mn、Ni、Pb、Sb、Se、Th、U、Zn 等，Fe^{3+} 的干扰都是必须要考虑的问题。所以，离心分离和玻砂漏斗过滤为分光光度测定中 Fe^{3+} 干扰的去除开辟了新思路。

(7) Na_2FeO_4 标准曲线的绘制

取 1 g Na_2FeO_4 混合物溶于 50 mL 14 mol·L^{-1} 的 NaOH 溶液中，玻璃搅拌使其溶解。低速离心机 4 000 r·min^{-1} 离心分离 20 min，滴定法测定上清液中 Na_2FeO_4 的浓度约 5.4 g·L^{-1}。用 14 mol·L^{-1} 的 NaOH 溶液稀释 10 倍，得 0.5 g·L^{-1} 的 Na_2FeO_4 溶液。参照 K_2FeO_4 标准曲线的方法绘制 Na_2FeO_4 标准曲线，Na_2FeO_4 标准曲线数据见表 2-11，Na_2FeO_4 的标准曲线绘制如图 2-5 所示。

表 2-11 Na_2FeO_4 标准曲线

摩尔浓度/(mol·L^{-1}) 质量浓度/(g·L^{-1})	1.967×10^{-4} 0.032 6	4.918×10^{-4} 0.081 5	9.836×10^{-4} 0.163	1.475×10^{-3} 0.244	1.967×10^{-3} 0.366
A	0.042	0.255	0.636	1.083	1.486

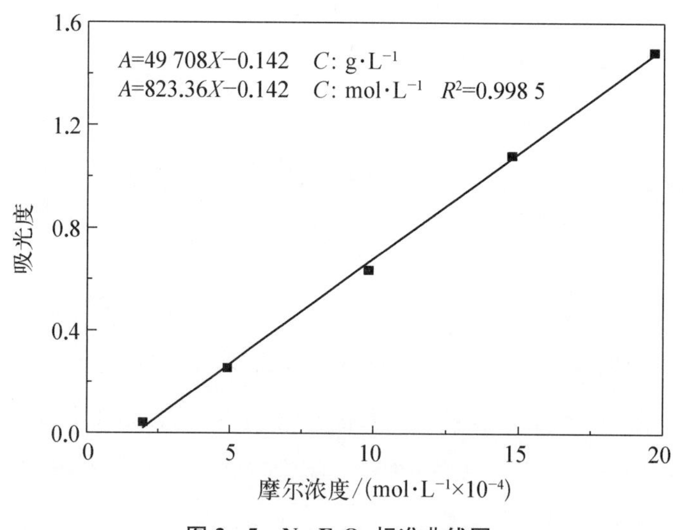

图 2-5 Na_2FeO_4 标准曲线图

(8) K_2FeO_4 和 Na_2FeO_4 吸光性质比较

K_2FeO_4、Na_2FeO_4 溶液吸光度与波长关系见图 2-6，K_2FeO_4 和 Na_2FeO_4 的最大吸收峰相同，吸收峰的形状基本类似。

试验测定的 K_2FeO_4 的摩尔吸光系数 $\varepsilon=1\ 070$ L·$(mol·cm)^{-1}$ 与文献中的数量级一致，其值比文献值高 16.1%，此差异需进一步研究、考证。试验还首次测得

Na_2FeO_4 的摩尔吸光系数 $\varepsilon = 823\ L\cdot(mol\cdot cm)^{-1}$，其值仅为 K_2FeO_4 试验值的 66.3%。

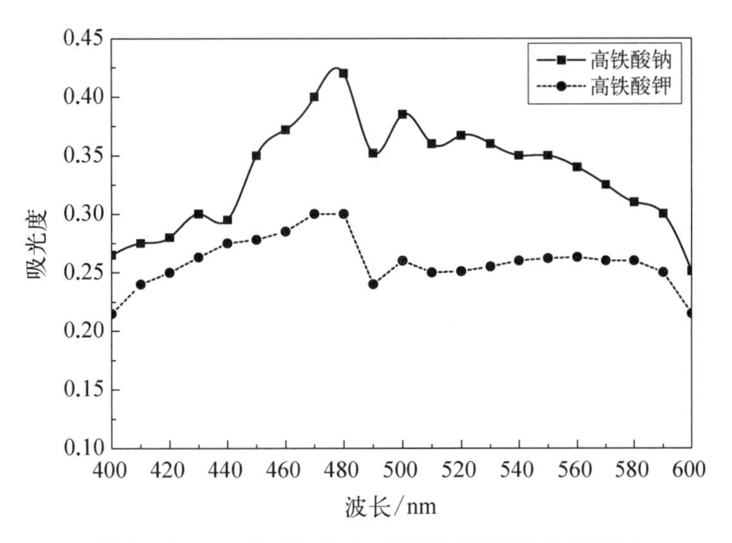

图 2-6　K_2FeO_4、Na_2FeO_4 溶液吸光度与波长关系图

第3章　高铁酸盐去除有机微污染物的研究

3.1　水中有机物微污染物特点及危害

3.1.1　水中微污染物的来源及标准

饮用水中的微量有机污染物来源主要有三种：

一是排放的工业废水中的有机污染物，主要是化工、石油化工等企业排放的有机污染物；二是排放的城市生活污水中的有机污染物；三是地表径流带来的面源污染，主要是农药、化肥、大气降水携带的有机污染物。

近年来，有机微污染物对水生生物、生态和人体健康的潜在负面影响引起了国内外的广泛关注，为保障饮用水水质和生态安全，一些发达国家已经将部分污染物纳入控制名单，并设定了浓度限值。表3-1列出了不同国家针对饮用水、地表水、污水厂出水中一些有机微污染物的部分水质指标及其浓度限值。目前，已有数百种化合物被定义为微污染物，但只有其中的极少数有相关法律规范。

表3-1　不同国家针对微污染物的部分水质指标及其浓度限定值

标　准	立法主体	污染物(浓度限值，单位：$\mu g \cdot L^{-1}$)
安全饮用水法，2009	美国EPA	DEHP(6)；∑PCBs(0.5)
饮用水水质标准，2004	WHO	DEHP(8)
生活饮用水卫生标准(GB5749—2006)	中国	双酚A(10)；∑PCBs(0.5)
水框架指令，2011	欧盟	壬基酚(0.33)；邻苯二甲酸二辛酯(DEHP)(1.3)
地表水水质标准，2006	美国EPA	壬基酚(6)
城镇污水处理厂污染物排放标准(GB18918—2002)	中国	DEHP(100)；DEHA(100)
污水综合排放标准(GB8978—1996)	中国	DEHP(300)；DEHA(200)

3.1.2　水中微污染物的种类及危害

在微污染水源水中，有机污染物具有污染面广、种类多及毒性大的特点。水中的有机物大致可分为两类：一是天然有机物（Natural Organic Matter，NOM），包括腐殖质、微生物分泌物等，它是大部分消毒副产物（Disinfection By-products，DBPs）的前驱物；另一类是人工合成有机物（Synthetic Organic Compounds，SOC），种类繁多，包括酚类、氯苯类、农药类、多氯联苯等。SOC 大多为有毒有害有机物。

微量有机污染物是指含量少、有毒有害难降解的污染物，进入环境后使环境的正常组成发生直接或间接有害于生物生长、发育和繁殖的变化。环境中微量有机污染物种类繁多，常见的有机污染物主要包括多氯联苯（Polychlorinated Biphenyls，PCB）、酚类、金属有机化合物等。

这些有机物会产生如下危害：

（1）部分有机物为高毒性的持久性有机污染物或内分泌干扰物质，具有致癌性、生殖毒性、神经毒性、内分泌干扰性等危害，对人体健康有直接的威胁；

（2）部分有机物为消毒副产物的前体物质，在加氯消毒过程中可形成多种卤代有机化合物，而卤代消毒副产物中大部分物质已被证实具有“三致”作用，进而危害人体健康；

（3）饮用水中的可生物降解有机物为管网中细菌的生长提供营养物质，使水中细菌的总数增加，进而腐蚀管道，铁等金属离子溶入水中，影响水质，将对给水管网和管网水质产生危害。

微污染水源水质的主要特点有：① 有机物综合指标（COD_{Mn}、UV_{254}、TOC 等）升高，这些指标的值越大表示水中的有机物越多，污染就越严重。② 氨氮浓度升高。③ 致突变性 Ames（或 sos）试验结果呈现出阳性。

另外，原水中氮的过量也会造成污染，当氨氮浓度在 $0.5\ mg \cdot L^{-1}$ 时，就能对水生生物造成危害：氨氮经过亚硝化及硝化过程形成硝氮，同时使水体中的溶解氧（Dissolved Oxygen，DO）降低，当饮用水中硝氮浓度大于 $10\ mg \cdot L^{-1}$ 时，可能会导致婴儿患白血症，如果饮用水中含有过高的硝氮，它们会在人体内形成“三致”物质亚硝酸铵。水源中的氨氮在常规水处理工程中的去除率很低，使得消毒时投氯量加大，同时，一些自养性细菌在水处理设备中滋生，对水的气味有不良的影响。

3.2 高铁酸盐去除微污染物的研究

目前大多数水厂仍采用针对原水中浊度和细菌而设计制定的常规、传统的水处理工艺，即混凝→沉淀→过滤→加氯消毒，这种工艺只能有效地去除水中的悬浮物、胶体物质、细菌和大肠杆菌等，对大量有机物特别是溶解性有机污染物去除能力极低。而且水中有机物会使水中无机颗粒的ζ电位升高，增加水处理的难度，出水水质也会变差，为达到一定的出水水质要求，需要通过投加过量的混凝剂和氯，从而导致水处理成本的增加。在某些特殊情况下，即使增加混凝剂和投氯量也不能达到出水水质要求。

随着水源的环境污染加剧和饮用水标准的提高，重点改善饮用水水质是国际健康饮水的新潮流。人们开始研究高铁酸盐对微污染物的去除，并取得了一定成果。

3.2.1 高铁酸盐去除双酚A的研究

双酚A作为一种重要的化工原料，被广泛应用于各种高分子材料、精细化工用品及日常生活用品中。随着双酚A的广泛生产和使用，它将轻易地被释放到环境介质中。目前，已经在河流、湖泊、电子废水、自来水、垃圾渗滤液、底泥等介质中检测出双酚A。毒理学研究证实，双酚A是一种典型的内分泌干扰物，具有雌激素效应、细胞毒性、神经毒性、肝脏毒性和致癌作用。

由于双酚A被广泛用于电子产品生产中，废水中往往含有金属离子、缓冲溶剂等多种复杂成分，因此，在水处理过程中有必要考察水中干扰离子对双酚A降解的影响。同时，各体系在降解双酚A时，大都集中在对目标污染物本身或一些总体指标（如COD_{Cr}、TOC等）的脱除，对反应过程中生物毒性变化情况的研究还比较缺乏。然而，双酚A是一种多毒性物质，在高级氧化过程中往往会生成更高毒性的中间产物，从而使处理后废水的生物毒性升高，如若忽视生物毒性指标，一方面将不利于后续生物处理工艺的有效运行；另一方面如将废水直接排放，会对受纳水体、水生生物甚至人类构成威胁。因此应从氧化剂浓度、pH、温度、干扰离子等方面系统地对比高铁酸盐与臭氧氧化技术对双酚A的处理效果，并在此基础上考察反应过程中生物毒性的变化情况，更全面地表征废水处理效果，为处理含双酚A废水的工艺方法提供更多的理论基础和技术支撑。

3.2.1.1 氧化剂浓度的影响

氧化剂浓度的升高对双酚A的降解具有明显的促进作用，这是因为氧化剂浓度越高，其与双酚A的物质的量比越大，作用于双酚A的被攻击点位上（2个苯环连接的

C—C键及苯环连接的—OH键)的氧化剂量越充分,越有利于双酚A的降解。对比2种氧化剂,在相同的投加摩尔量下,高铁酸盐表现出更强的氧化效能,当高铁酸盐和臭氧的投加量分别为5.0 mg·L^{-1}和1.20 mg·L^{-1}时,双酚A的去除率分别为91.6%和80.9%。由于高铁酸盐同时具有氧化、吸附、絮凝等多种功能,在反应过程中,除了高铁酸盐的强氧化特性有助于双酚A的降解,其还原产物如水合铁离子、水合铁氧化物及羟基氧化铁等的絮凝特性也有利于双酚A的脱除。而臭氧在降解双酚A过程中被还原为氧气,仅发挥了氧化功能,不能进一步强化对双酚A的去除。因此,在相同氧化剂摩尔浓度的情况下,相对于臭氧氧化法,高铁酸盐降解双酚A具有一定优势(图3-1)。

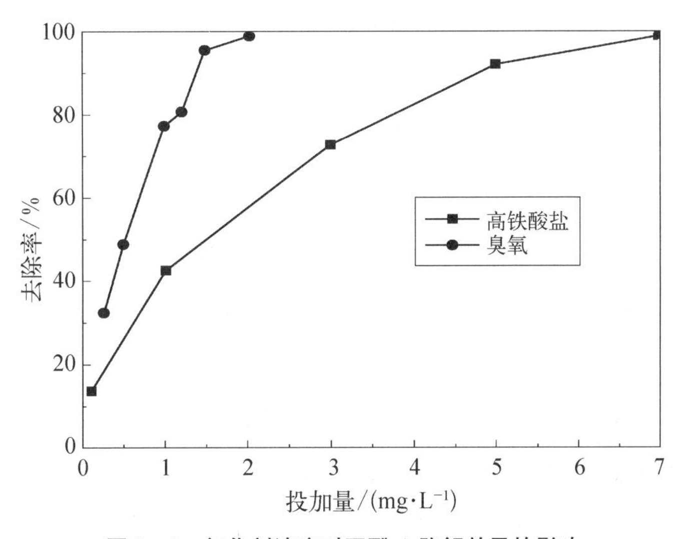

图3-1 氧化剂浓度对双酚A降解效果的影响

3.2.1.2 pH的影响

臭氧氧化法对双酚A的降解效果受pH影响较大,当pH从3升至11,去除率从98.4%下降至56.7%,酸性条件下的去除效果明显优于碱性条件下;而高铁酸盐法对pH的适应能力较强,双酚A的去除率均保持在80%以上,波动小于15%。这是因为随着pH的升高,臭氧分子分解产生·OH的量逐渐增加,但由于·OH的无选择性,·OH之间相互碰撞产生H_2O_2,继而发生相应的自分解反应,使水中的臭氧分子和—OH量均减少,而其与水中有机污染物的反应减弱。在整个pH范围内,高铁酸盐在溶液中有四种存在形式,包括$H_3FeO_4^+$、H_2FeO_4、$HFeO_4^-$和FeO_4^{2-},其中,$HFeO_4^-$的氧化能力最强,是FeO_4^{2-}的3~5倍。当pH=3.5~10.0时,$HFeO_4^-$和FeO_4^{2-}为高铁酸盐的主要存在形式,具有卓越的氧化性能。因此,高铁酸盐氧化对双酚A的降解效果受溶液pH影响较小(图3-2)。

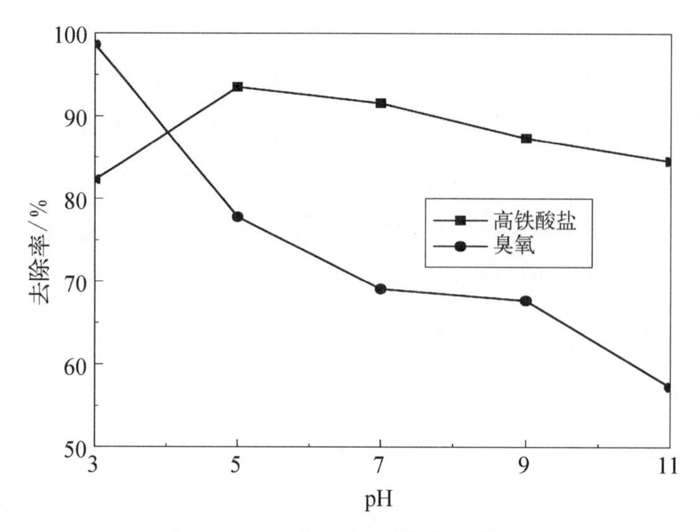

图 3-2　pH 对双酚 A 降解效果的影响

3.2.1.3　温度的影响

高铁酸盐和臭氧降解双酚 A 在不同水温下呈现完全相反的趋势。升温有利于高铁酸盐对双酚 A 的降解，但对臭氧氧化体系却不利。当水体温度由 10 ℃升高至 50 ℃时，高铁酸盐氧化对双酚 A 的降解率从 84.1%逐渐升高至 93.8%；臭氧氧化对双酚 A 的去除率却从 76.2%下降到 61%。随着水温升高，高铁酸盐与双酚 A 之间的有效碰撞频率大幅增强，提高了反应概率，促进了双酚 A 的降解；但在臭氧氧化反应过程中，升温大大减小了臭氧分子在水中的溶解度，同时加快了臭氧的自分解速率，不利于双酚 A 的去除(图 3-3)。

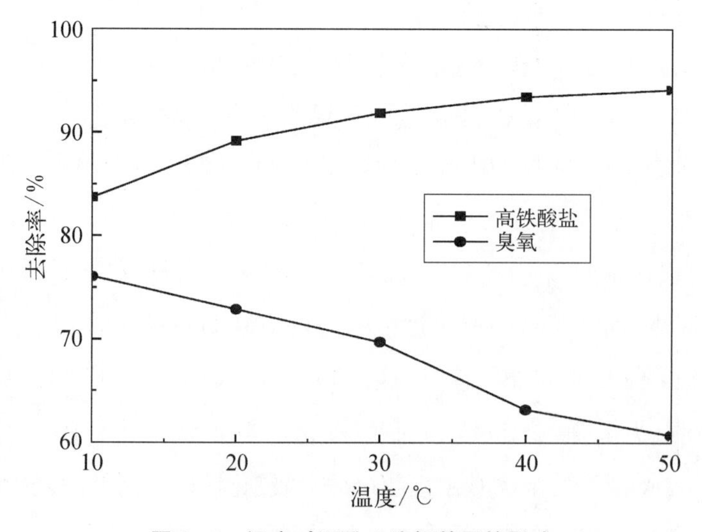

图 3-3　温度对双酚 A 降解效果的影响

3.2.1.4　干扰离子的影响

根据实际水厂调研结果，选取 Fe^{3+}、HCO_3^- 为干扰离子，考察各干扰离子对降解双酚 A 的影响，结果如表 3-2 所示。

表 3-2　干扰离子对双酚 A 降解效果的影响

干扰离子	质量浓度/(mg·L^{-1})	双酚 A 去除率/%	
		高铁酸盐	臭　氧
无		88.13	75.4
Fe^{3+}(以 Fe 计)	0.5	86.87	82.15
	1	83.52	87.78
	5	80.67	92.01
HCO_3^-	10	90.34	81.32
	100	93.69	86.82
	500	94.73	89.12

由表 3-2 可知，Fe^{3+} 对臭氧降解双酚 A 具有一定的促进作用，说明 Fe^{3+} 对臭氧氧化体系具有催化特性；而 Fe^{3+} 的存在加剧了水中高铁酸盐自分解副反应，削弱高铁酸盐氧化效能，从而阻碍了双酚 A 的脱除。HCO_3^- 是自由基捕获剂，一般对有机污染物的去除具有一定的阻碍作用，然而 HCO_3^- 对这两个氧化体系均表现出一定的促进效果，这可能是由于 HCO_3^- 同时增加了水中的碱度和离子强度，从而有利于氧化反应去除双酚 A。

3.2.1.5　反应过程中的毒理变化情况

这两个氧化体系反应过程中的生物毒性变化情况如图 3-4 所示。

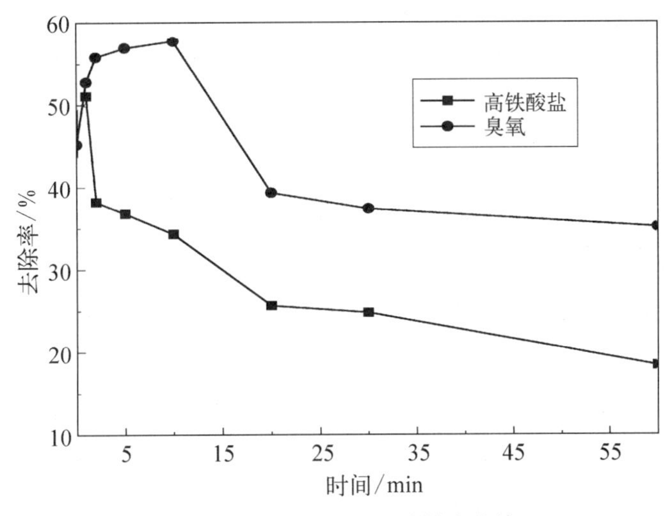

图 3-4　反应过程中生物毒性变化情况

由图3-4可知，原水中1 mg·L^{-1}的双酚A对发光细菌的发光度相对抑制率约为45%。反应开始后，两个氧化体系中水样对发光细菌的发光度相对抑制率很快升高，其中，高铁酸盐氧化体系在1 min时升至最高值51%，臭氧氧化体系在10 min时逐渐升至58%，说明在反应开始后生物毒性有所增强。反应初期，双酚A被降解生成毒性更强的中间产物，如苯醌、对苯二酚、苯乙烯、异丙基苯酚等。因此，在反应开始后，生物毒性呈现升高的趋势。当反应时间为60 min时，高铁酸盐氧化体系的发光度相对抑制率快速下降至18%，远低于双酚A本身的毒性，生物毒性降低了60%；而臭氧氧化体系则降低至35%，生物毒性降低了22%。说明这两个体系对双酚A降解过程中的生物毒性均有一定的控制作用。由于反应进行过程中的开环、断链、矿化等一系列作用进一步降解了中间产物，导致体系的生物毒性逐渐降低甚至低于其最初的毒性。可见，相对于臭氧氧化法，高铁酸盐在对双酚A降解过程中生物毒性控制效果方面展现出了更强的优势。

在不同的氧化剂作用下，反应水样的生物毒性均随着反应时间呈先增强后减弱趋势。但高铁酸盐表现出更强的生物毒性控制效果，反应60 min后，生物毒性降低了60%，而采用臭氧法的生物毒性仅降低了22.2%。

3.2.2 高铁酸盐去除苯酚的研究

苯酚是德国化学家龙格(Runge F)于1834年在煤焦油中发现的，故又称石炭酸(Carbolic Acid)。苯酚首次声名远扬应归功于英国著名的医生里斯特。里斯特发现病人手术后死因多数是伤口化脓感染。偶然之下用苯酚稀溶液来喷洒手术用的器械以及医生的双手，结果病人的感染情况显著减少。这一发现使苯酚成为一种强有力的外科消毒剂。里斯特也因此被誉为“外科消毒之父”。

苯酚是重要的有机化工原料，用它可制取酚醛树脂、己内酰胺、双酚A、水杨酸、苦味酸、五氯酚、2,4-D、己二酸、酚酞、N-乙酰乙氧基苯胺等化工产品及中间体，在化工原料、烷基酚、合成纤维、塑料、合成橡胶、医药、农药、香料、染料、涂料和炼油等工业中有着重要用途。此外，苯酚还可用作溶剂、实验试剂和消毒剂，苯酚的水溶液可以使植物细胞内染色体上蛋白质与DNA分离，便于对DNA进行染色。

苯酚对皮肤、黏膜有强烈的腐蚀作用，可抑制中枢神经或损害肝、肾功能。急性中毒：吸入高浓度蒸气可致头痛、头晕、乏力、视物模糊、肺水肿等。慢性中毒：可引起头痛、头晕、咳嗽、食欲减退、恶心、呕吐，严重者引起蛋白尿。可致皮炎。环境危害：对环境有严重危害，对水体和大气可造成污染。本节以高铁酸盐对饮用水进行预处理为目的，讨论高铁酸盐氧化除去苯酚的效果和影响因素。

3.2.2.1　氧化时间对高铁酸钾氧化去除苯酚效果的影响

在固定反应体系的 pH=8，高铁酸盐投加量为与苯酚质量比 10∶1 的条件下，反应时间控制在 30 min 内，每 5 min 测定一次剩余苯酚浓度，对比静止和连续搅拌两种条件下苯酚的去除率，结果如图 3－5 所示。

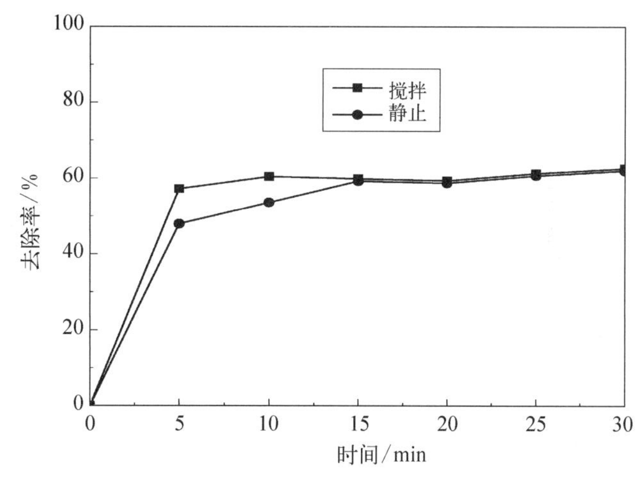

图 3－5　反应时间对高铁酸钾氧化去除苯酚效果的影响

结果表明，相同条件下，达到苯酚相同的去除率，连续搅拌所需的时间仅是静止条件下的 1/3。这是因为搅拌增加了分子间的碰撞概率，提高了反应活性，从而提高了高铁对苯酚的氧化速率。由图 3－5 可知，在连续搅拌的情况下，当反应时间为 10 min 时，苯酚的去除率达到最大。

3.2.2.2　高铁酸盐投加量对氧化去除苯酚效果的影响

由图 3－6 可知，苯酚的去除效率随高铁浓度的增加而增加，当高铁投加量与苯

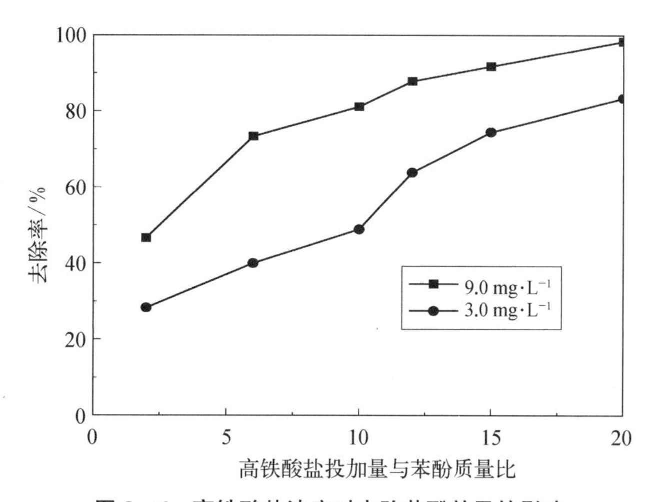

图 3－6　高铁酸盐浓度对去除苯酚效果的影响

酚质量比为 20∶1 时,苯酚去除率达到 96.8%。但当两者的质量比达到 15∶1 时,苯酚的去除率增加缓慢,且反应时间变长。而且,在相同质量比的情况下,较高浓度的苯酚去除率小于较低浓度的苯酚去除率。

3.2.2.3 pH 对高铁酸盐氧化去除苯酚效果的影响

反应体系的 pH 变化对高铁酸钾氧化去除苯酚的效果影响如图 3-7 所示。

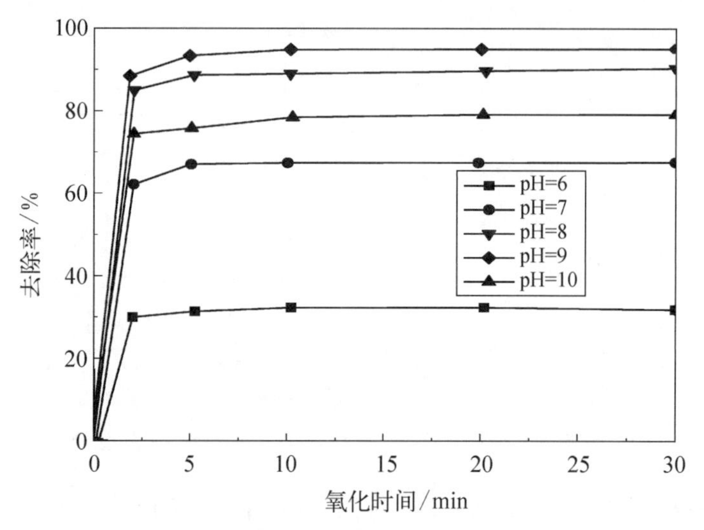

图 3-7 pH 对高铁酸钾氧化去除苯酚效果的影响

pH=6 时,高铁酸钾对苯酚的去除效果最差,去除率仅 30%左右;pH=7~9 时,随着反应体系 pH 的升高,高铁酸钾对苯酚的去除效果显著增加,在 pH=9 左右时达到最高,去除率接近 100%,但当 pH>9 时,高铁酸钾对苯酚的去除效果显著下降。可见,高铁酸钾氧化去除苯酚的最佳 pH=9。相关实验中还发现,随着 pH 增加,高铁酸钾氧化去除苯酚的时间逐渐增长,这可能是因为在低 pH 条件下,H^+ 的存在使高铁分子由于质子化的作用而发生结构重整,在分子内发生氧化还原反应并在瞬间内完成。所以,随 pH 的降低,高铁氧化还原电位逐渐升高,同时分解速度会逐渐加快,氧化作用时间变短。因此,高铁对苯酚的氧化去除作用受其氧化能力和作用时间两方面因素的共同影响。

3.2.2.4 高铁酸盐氧化去除苯酚机理探讨

高铁酸钾在整个 pH 范围内都具有极强的氧化性,在酸性和碱性溶液中,电对 Fe(Ⅵ)/Fe(Ⅲ)的标准电极电位分别为 2.20 V 和 0.72 V,相应的电极反应方程如下:

$$FeO_4^{2-} + 8H^+ + 3e = Fe^{3+} + 4H_2O \tag{3.1}$$

$$FeO_4^{2-} + 4H_2O + 3e = Fe(OH)_3 \downarrow + 5OH^- \tag{3.2}$$

相关研究认为，高铁酸钾在氧化去除苯酚时，并不是直接生成Fe(III)，而是首先生成Fe(V)和过渡态有机物。高铁酸钾在氧化去除苯酚时，高铁酸根首先攻击苯酚上羟基中的氢原子，生成酚氧自由基。苯酚的氧原子上的p轨道与苯环上的π轨道形成p-π共轭，增加了苯环特别是对位电子的电子云密度，酚氧自由基不稳定，很快形成对位的醌氧自由基，对位醌氧自由基与Fe(V)发生双电子氧化，生成对苯醌利Fe(III)或4-4′双苯醌和Fe(III)。同时，4-4′双苯醌可能与苯酚发生缓慢的化学反应，生成双酚。Fe(VI)还原成Fe(III)过程中产生正价态水解产物，这些水解产物具有比三价铝盐、铁盐等水解产物更高的正电荷及更大的网状结构，各种中间产物在Fe(VI)还原成Fe(III)过程中产生聚合作用，生成的Fe(III)能很快形成$Fe(OH)_3$胶体沉淀，这种具有高度吸附活性的絮状$Fe(OH)_3$胶体，可以在很宽的pH范围内吸附絮凝大部分阴阳离子、有机物和悬浮物，从而也能够去除部分苯酚和其他有机物。

因此，高铁酸盐氧化去除苯酚类有机物是氧化机理与吸附机理共同作用的结果。

3.2.3　高铁酸盐去除硝基苯的研究

硝基苯，有机化合物，又名密斑油、苦杏仁油，无色或微黄色具苦杏仁味的油状液体。难溶于水，密度比水大；易溶于乙醇、乙醚、苯和油。遇明火、高热会燃烧、爆炸。与硝酸反应剧烈。硝基苯是有机合成中间体及生产苯胺的原料，还是重要的有机溶剂。环境中的硝基苯主要来自化工厂、染料厂的废水废气，尤其是苯胺染料厂排出的污水中含有大量硝基苯。贮运过程中的意外事故，也会造成硝基苯的严重污染。

硝基苯在水中具有极高的稳定性。由于其密度大于水，进入水体的硝基苯会沉入水底，长时间保持不变。又由于其在水中有一定的溶解度，所以造成的水体污染会持续相当长的时间。硝基苯的沸点较高，自然条件下的蒸发速度较慢，与强氧化剂反应生成对机械震动很敏感的化合物，能与空气形成爆炸性混合物。倾翻在环境中的硝基苯，会散发出刺鼻的苦杏仁味。温度在80 ℃以上时，其蒸气与空气的混合物具爆炸性，倾倒在水中的硝基苯，以黄绿色油状物沉在水底。当其浓度为5 mg·L^{-1}时，被污染水体呈黄色，有苦杏仁味。当其浓度达100 mg·L^{-1}时，水几乎是黑色，并分离出黑色沉淀。当其浓度超过33 mg·L^{-1}时可造成鱼类及水生生物死亡。吸入、摄入或皮肤吸收均可引起人员中毒。硝基苯中毒的典型症状是气短、眩晕、恶心、昏厥、神志不清、皮肤发蓝，最后会因呼吸衰竭而死亡。

硝基苯属于难生物降解的有机污染物，对菌种及降解酶要求严格，降解中间产物繁多而且仍然具有毒性，由于硝基苯结构稳定，吸电子基团—NO_2 连接在苯环上使其不易受一般的亲电氧化剂攻击而被降解。本节以高铁酸盐对水中硝基苯处理为目的，讨论其氧化除去硝基苯的效果和影响因素。

3.2.3.1　pH 对高铁酸盐去除硝基苯的影响

pH=7 时硝基苯的降解效果最好。从高铁酸盐氧化还原电位角度考虑，酸性条件下氧化还原电位(2.2 V)高于碱性条件(0.72 V)。因此，酸性条件下高铁酸盐氧化能力更强，但同时 pH 高会有利于高铁酸盐被还原后的产物的絮凝沉降作用，两方面因素的共同作用，使得 pH 中性时高铁酸盐降解硝基苯效果最好(图 3-8)。

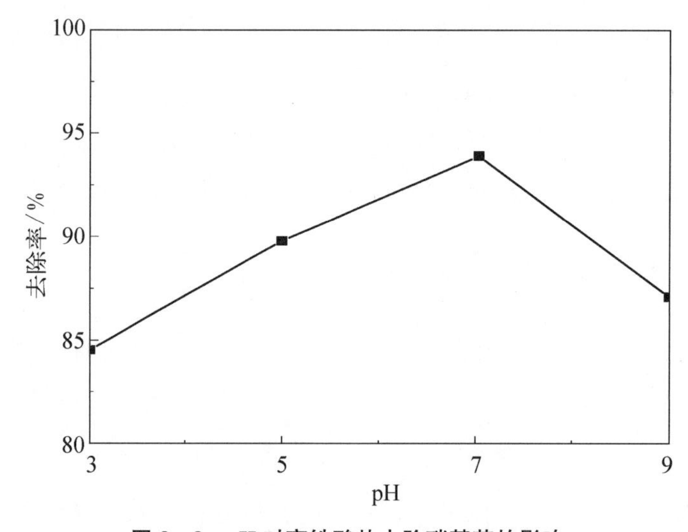

图 3-8　pH 对高铁酸盐去除硝基苯的影响

3.2.3.2　高铁酸盐投加量对高铁酸盐去除硝基苯的影响

在处理难降解有机污染物时，保持高铁酸盐对有机污染物相对过量可得到有效的氧化去除效果。在一组相同量的硝基苯溶液中，投加不同量的 FeO_4^{2-} 溶液，控制 pH=7，测反应后滤液中硝基苯及 COD_{Cr} 值，计算去除率，如图 3-9 所示。当 FeO_4^{2-} 与硝基苯的质量比为 5.2∶1 时，硝基苯的去除率为 87%，高铁酸盐用量加倍后，去除率已上升至 98.3%。在质量比从 5.2∶1 加大到 15.6∶1 时，COD_{Cr} 的去除率直线上升，继续加大高铁酸盐用量，COD_{Cr} 去除率基本稳定在 92%左右，因此在高铁酸盐氧化作用下，硝基苯被显著地矿化成了小分子无机物。从图 3-9 可知，FeO_4^{2-} 与硝基苯的质量比约为 15∶1 时，即可同时获得较理想的硝基苯及 COD_{Cr} 去除率。

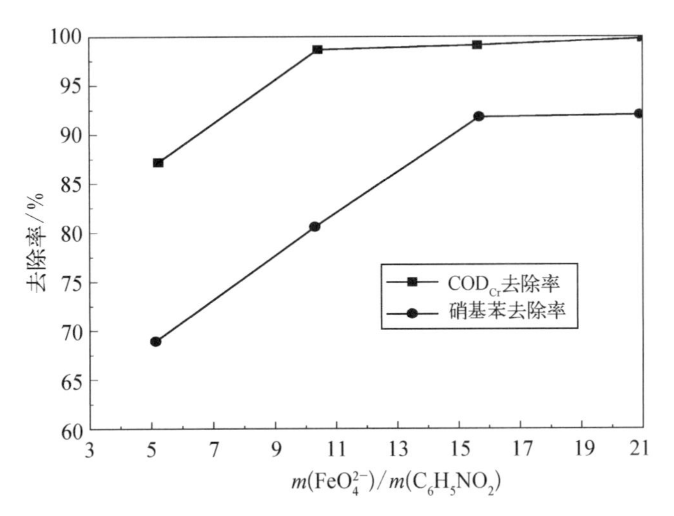

图 3-9　高铁酸盐投加量对高铁酸盐去除硝基苯的影响

3.2.3.3　硝基苯质量浓度与反应时间的关系

控制 FeO_4^{2-} 与硝基苯的质量比为 15∶1,用磁力搅拌器搅拌使硝基苯与高铁酸盐充分接触,反应 1 min 后开始测定硝基苯的质量浓度,将硝基苯的质量浓度对数与时间的关系作图,得到图 3-10。质量浓度对数与时间呈线性关系,相关系数 $R^2=0.994\,1$,表明 FeO_4^{2-} 与硝基苯的反应符合一级反应动力学规律,直线的斜率为反应速率常数,为 $0.099\,8\ min^{-1}$,此即在强碱性介质中高铁酸盐与硝基苯的反应速率常数。

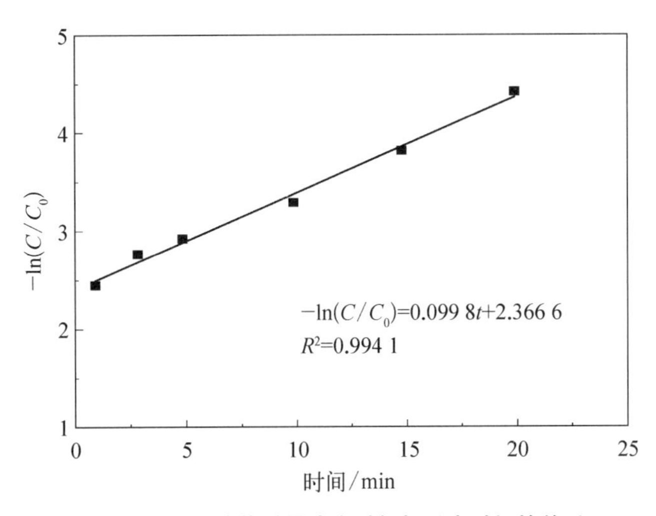

图 3-10　硝基苯质量浓度对数与反应时间的关系

3.2.4　高铁酸盐去除氯酚的研究

对氯苯酚,又名对氯酚(P-Chlorophenol)、4-氯苯酚(4-Chlorophenol)、4-氯-

1-羟基苯(4-Chloro-1-Hydroxybenzene)、对羟基氯苯。纯品是无色晶体，工业品是黄色或粉红色晶体或粉末。易挥发，蒸气具有令人不愉快的刺激气味。易燃，微溶于水，20 ℃时在水中溶解度为 27.1 g·L^{-1}，能溶于苯、乙醇、乙醚、甘油、氯仿、固定油和挥发油。该质量浓度 1%的水溶液能使石蕊显酸性，其酸性小于苯酚，强于苯。

氯酚是一种重要的有机化工中间体，广泛应用于杀虫剂、除草剂和染料等行业，具有较强的挥发性和刺激性，对生物体有广谱毒性及诱突变性，是美国环保署重点控制的 129 种污染物之一，我国也将氯酚列在重点污染物的黑名单中。氯酚的三种同分异构体均为无色至淡黄色晶体，均难溶于水，可溶于乙醇、乙醚，并有臭味。它可用作染料、农药和有机合成的原料或中间体。各同分异构体刺激作用很强，从皮肤吸收较多。

3.2.4.1 高铁酸钾投加量对降解对氯苯酚的影响

在初始质量浓度 50 mg·L^{-1} 的对氯苯酚溶液中，加入不同摩尔比的高铁酸钾，搅拌 10 min，随着投加量的增加，对氯苯酚的去除率逐渐增加。当摩尔质量比 $R(FeO_4^{2-}:C_6H_5ClO)$为 12∶1 时，对氯苯酚脱氯率达到 50.28%，COD_{Cr} 去除率达到 83.67%。这是由于随着高铁酸盐投加量的增加，溶液中高铁酸根的浓度增加，与对氯苯酚分子反应的概率也增加，因此脱氯率与 COD_{Cr} 去除率逐渐增大。对氯苯酚脱氯率和 COD_{Cr} 去除率随 K_2FeO_4 投加量的变化曲线，如图 3-11 所示。

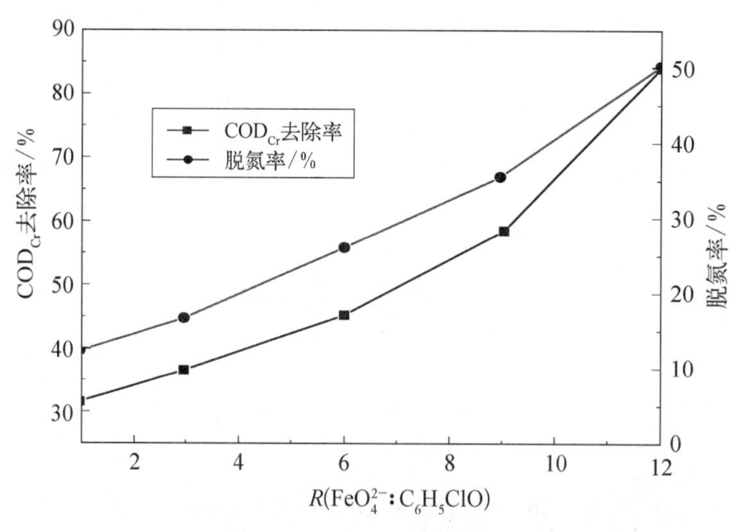

图 3-11 对氯苯酚脱氯率和 COD_{Cr} 去除率随 K_2FeO_4 投加量的变化

随着高铁酸钾投加量的逐渐增加，反应体系中对氯苯酚被逐渐氧化降解，从图 3-12 可以看出，对氯苯酚在 225 nm 和 280 nm 处的特征吸收峰逐渐下降，同时在

250 nm 处的吸收较原液吸收有明显上升，且随着高铁酸钾投加量的增加，其吸光度也随之增加。这是由于增加了高铁酸钾的投加量，使得反应进行得更为完全，生成的产物浓度增加。

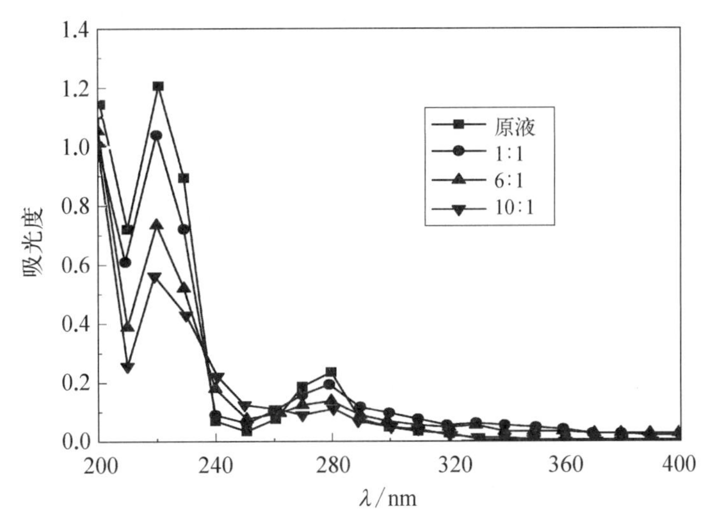

图 3-12　K_2FeO_4 不同投加量下对氯苯酚的紫外光谱

3.2.4.2　溶液初始 pH 对高铁酸钾降解对氯苯酚的影响

当高铁酸钾与对氯苯酚的摩尔比为 9∶1 时，改变溶液的初始 pH，搅拌 10 min，其变化结果如图 3-13 所示。

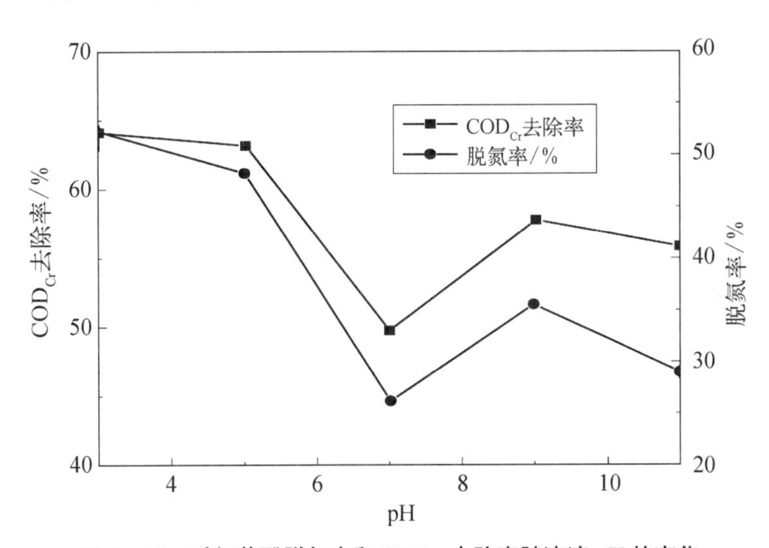

图 3-13　对氯苯酚脱氯率和 COD_{Cr} 去除率随溶液 pH 的变化

由图 3-13 可知，随着 pH 的升高，对氯苯酚脱氯率和 COD_{Cr} 去除率先后在 pH=3 和 pH=9 出现了两个峰。随着 pH 的增加，高铁酸根稳定性增加但氧化电位降低，对氯苯酚在碱性条件下易失去氢以质子化形式存在。根据文献的研究结果，失质子化合物更容易被氧化，即质子化形式的对氯苯酚比非质子化形式的更容易氧化。又因为在酸性条件下，FeO_4^{2-} 氧化还原电位为 2.20 V，具有较强的氧化性。随着碱性增强，FeO_4^{2-} 氧化性降低，对对氯苯酚的降解率降低。当 pH 接近对氯苯酚的 pKa=9.2 时，FeO_4^{2-} 的氧化还原电位降至 0.72，但此时对氯苯酚以电离状态的对氯代酚氧阴离子增多，苯环上的电子云密度增大，可氧化程度增加，有利于亲电试剂的攻击，因此降解效率再次上升，但仍低于 pH 在酸性条件下的降解效率。综合高铁酸根氧化还原电位、稳定性及对氯苯酚电离电位等影响因素，可见高铁酸根氧化还原电位对对氯苯酚的降解影响最大。

3.2.4.3　反应时间对高铁酸钾降解对氯苯酚的影响

由图 3-14 所示可见，在 pH=3，$R(FeO_4^{2-}:C_6H_5ClO)=9:1$ 时，对氯苯酚的去除率随反应时间的增加而增大。当反应时间为 50 min 时，对氯苯酚的 COD_{Cr} 去除率达到 86%。在实验中观察到随着时间的增加，反应液紫色逐渐变淡，即高铁酸根有剩余未完全参与反应，当反应进行到 50 min 时，反应液紫色消失变为红褐色，此时高铁酸根已与对氯苯酚反应完全，溶液中对氯苯酚的浓度降至最低，其在 280 nm 处的吸收峰基本消失，如图 3-15 所示。

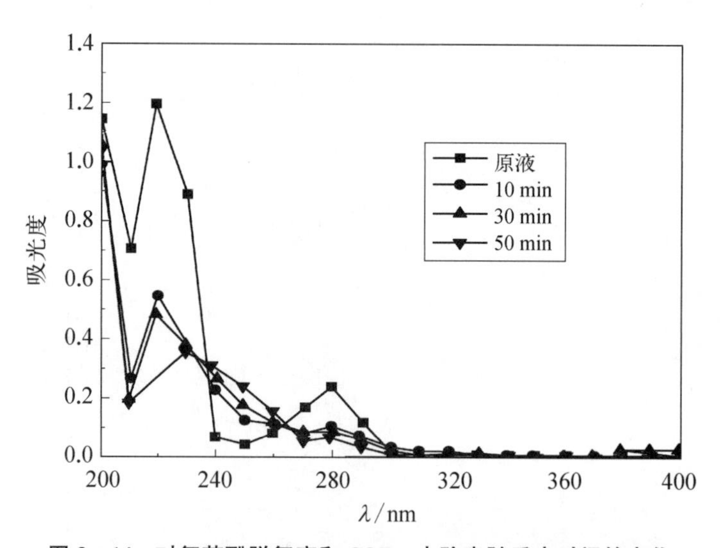

图 3-14　对氯苯酚脱氮率和 COD_{Cr} 去除率随反应时间的变化

在本实验中高铁酸根的浓度要远远的低于 0.025 mol·L^{-1}，其自分解率非常低，因此在高铁酸根和对氯苯酚分子数一定的情况下，延长反应时间即增加了两个分子的反应概率，使反应更为完全。

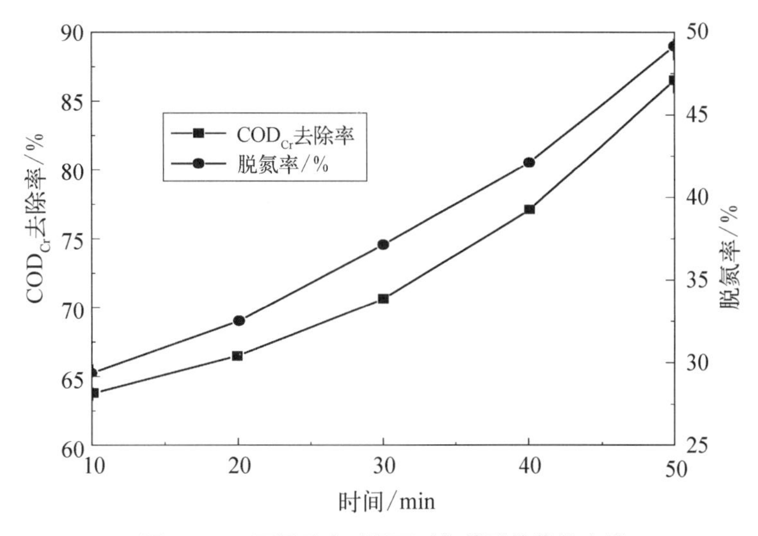

图 3-15　不同反应时间下对氯苯酚的紫外光谱

3.2.4.4　对氯苯酚降解产物及其生成途径分析

由于对氯苯酚分子中—OH 和—Cl 基团附近电子云密度较大，且易受亲电子基的影响，使苯环上的氧化作用主要发生在这两个位置上。相关文献在研究高铁酸钾降解苯酚机制时发现 Fe(Ⅵ)被还原为 Fe(Ⅴ)，同时生成酚氧自由基，因此推测高铁酸根与对氯苯酚反应的第一步起始于对氯代酚氧自由基的生成，同时高铁酸根被还原为 Fe(Ⅴ)，Fe(Ⅴ)在水溶液中具有比 Fe(Ⅵ)更强的氧化性。接着中间产物对氯代酚氧自由基与对氯苯酚分子发生反应，生成最终产物 4-氯-3-(4-氯苯酚基)苯酚醚。此外，由于高铁酸根与对氯苯酚是在烧杯中不断搅拌下进行反应的，且高铁酸根在水溶液中易自分解生成氧气，因此在氧气的参与下，Fe(Ⅴ)与对氯苯酚发生反应，使对氯苯酚脱氯同时生成酚氧自由基，接着生成对苯醌。红褐色是醌类的典型色，这与实验所观察到的溶液颜色变化也相一致。同时，在图 3-14 中 250 nm 处有吸收峰，也可验证对苯醌的生成。

第4章　高铁酸盐去除无机物的研究

高铁酸盐作为一种新型、高效的水处理剂可弥补传统自来水厂采用聚合氯化铝(Poly Aluminum Chloride，PAC)进行混凝沉淀以及采用漂白粉、二氧化氯为氯源的消毒净水剂进行消毒的不足。高铁酸盐作为强氧化剂，能杀菌消毒，且因是非氯型的，不会形成有机氯化物，产生二次污染。同时，高铁酸盐溶于水的分解产物 $Fe(OH)_3$ 对水中悬浮物有絮凝、吸附及共沉淀去除的效果，其游离出的 Fe^{3+} 和 Fe^{2+} 还有对人体补铁、补血的功效。

此外，它还能去除水中的氨氮、硫类物质及酚类物质等，而且它溶于水不产生有害、有毒副产物，其安全性有可靠保证。因此研究和开发高铁酸盐这种集氧化、消毒、吸附、絮凝、助凝、杀菌、去污为一体的新型、高效、安全、多功能的水处理剂，既可用于改善自来水水质，又可应用于污水处理领域中高效去污。

相对于有机污染物来说，高铁酸盐的强氧化性更容易氧化含硫(S^{6+}、S^{4+}、S^{2-})、氰(CN^-)、砷(As^{3+})等无机物。高铁酸盐氧化水和废水中的无机还原物的反应时间较短，一般以分钟计，有些反应甚至几秒钟之内完成。并且还原产物具有絮凝作用，高铁酸盐非常适合处理含有这些污染物的废水和受污染的地表水。

4.1　不同因素对高铁酸钾去除氰化物的影响

氰化物是一种易溶于水的剧毒性物质，水中游离氰化物浓度在 1 mg · L^{-1}(以 CN^- 计)以上，就可使水中微生物繁殖受到影响。浓度在 0.3～0.5 mg · L^{-1}，可使鱼致死。我国颁布的《生活饮用水卫生标准》(GB5749—2006)中，氰化物浓度的限值为 0.05 mg · L^{-1}。这对微污染饮用水源水中微量氰化物的去除，提出了较高的要求。虽然高浓度含氰废水的处理方法已有较多的研究，如氧化法、硫酸亚铁法、电解法、离子交换法、生物法等，但是这些方法大部分较难直接应用在给水厂的常规工艺中。有关去除微污染水源水中微量氰化物的研究报道较少，主要是碱式氯化法。碱式氯化法处理饮用水中 CN^- 的基本原理是利用活性氯为氧化剂，在碱性条件下，将剧毒的氰化物氧化成低毒的氰酸盐，进而氧化生成 CO_2 和 N_2。但此方法易产生毒性大的 CNCl 和具有“三致”作用的三卤甲烷(Trihalomethanes，THMs)等消毒副产物，从而对安全供水和人体健康产生较严重的影响。如何在自来水厂现有传统工艺的基础上，寻找一种绿色安全的氧化剂，对微污染水体中微量氰化物进行有效去除，已经成为一项重要而迫切的课题。本节选用比 $KMnO_4$、O_3 和 Cl_2 的氧化能力更强且无二次污染的高铁酸钾作为氧化剂，通过强氧化的方法对水中微量氰化物的去除进行研究，对反应的影响因素进行了初步的探索，以期为突发性的饮用水原水中氰化物污染的应急处理提供一种安全可靠的处理方法。

4.1.1　pH 对氰化物去除效果的影响

pH 是 K_2FeO_4 氧化去除 CN^- 的主要影响因素之一，pH 的不同直接影响 CN^- 的去除率，故首先考察了 pH 对 CN^- 去除效果的影响。在固定其他条件不变的情况下，把反应前水样的 pH 分别调为 7.0、7.5、8.0、8.5、9.0、9.5、10.0、10.5，反应结束后测定水样中氰化物的浓度和反应后的 pH，结果见图 4－1、图 4－2。

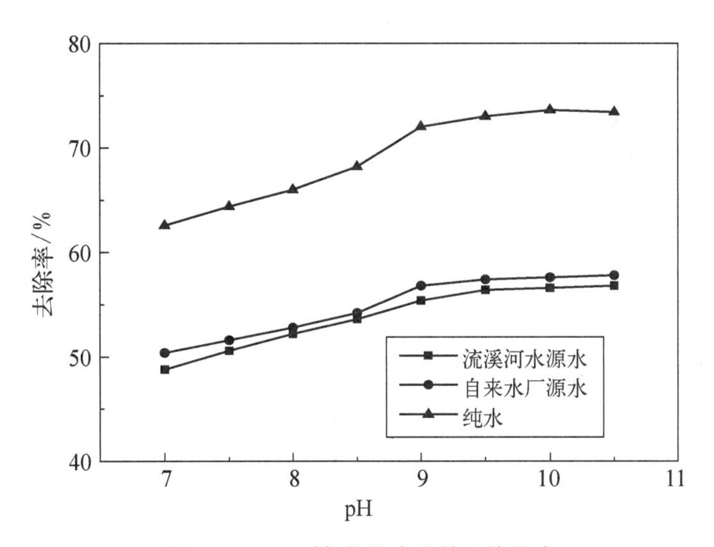

图 4－1　pH 对氰化物去除效果的影响

从图 4－1 可以看出，当 K_2FeO_4 的投加量一定、原水 pH 在 7.0～9.0 之间时，随着反应前 pH 的升高，水中 CN^- 去除率逐渐升高；当 pH＝9.0 时，纯水、水厂原水和

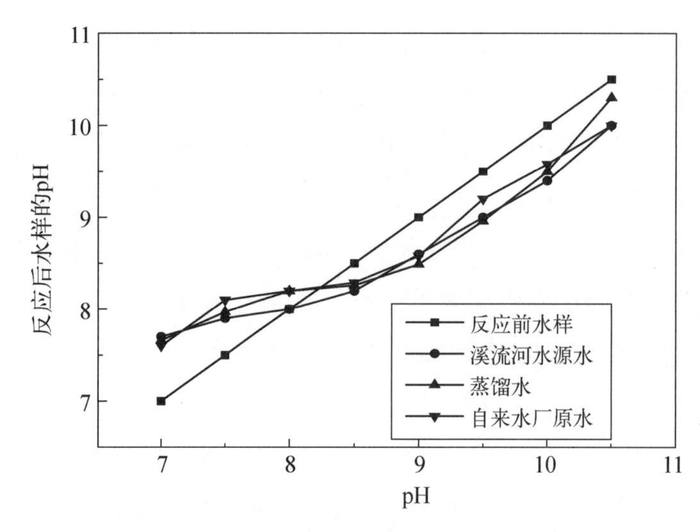

图 4-2　高铁酸钾对反应后水样 pH 的影响

流溪河水源水中 CN^- 去除率分别为 72.1%、56.7%、55.5%，去除效果较好。若继续提高原水的 pH，CN^- 去除率增加缓慢。根据高铁酸钾在酸性和碱性条件下的氧化电位：

$$FeO_4^{2-} + 8H^+ + 3e^- \longrightarrow Fe^{3+} + 4H_2O \quad E^0 = +2.20\ V \tag{4.1}$$

$$FeO_4^{2-} + 4H_2O + e^- \longrightarrow Fe(OH)_3 \downarrow + 5OH^- \quad E^0 = +0.72\ V \tag{4.2}$$

K_2FeO_4 在酸性条件下氧化能力大于其在碱性条件下的氧化能力，因此，在酸性条件下 K_2FeO_4 应该更容易将 CN^- 氧化分解。然而图 4-1 结果显示，恰是碱性条件更有利于 CN^- 的去除。究其原因，发现这是因为 K_2FeO_4 自身的不稳定性使其易与水反应而释放氧气所致其反应方程式如下：

$$2FeO_4^{2-} + 5H_2O \longrightarrow 2Fe(OH)_3 \downarrow + 3/2O_2 + 4OH^- \tag{4.3}$$

在不同的 pH 条件下，式(4.3)反应的速率不同，而 K_2FeO_4 的除氰效率和式(4.3)反应的速率相关，当原水 pH<9.0 时，式(4.3)反应的速率较快，更多的 K_2FeO_4 被水消耗，故对 CN^- 的氧化效率较低；而在 pH=9.0～10.0 时，式(4.3)反应的速率缓慢，此时 K_2FeO_4 氧化 CN^- 反应速率远高于氧化 H_2O 的反应速率，故其对 CN^- 的氧化效率较高。

由图 4-2 知，在反应前 pH<8 时，与反应前水的 pH 相比，反应后的 pH 会有小幅度的上升；而当反应前 pH 在 8～10.5 之间时，反应后的 pH 与反应前的 pH 相比会有所下降，且各点下降幅度并无较大差异。该结果也可用式(4.3)来解释：在较低

pH 条件下，式(4.3)反应速率较快，会形成较多的 OH^-，促使 pH 上升；在 pH 较高时，式(4.3)反应缓慢，K_2FeO_4 以氧化 CN^- 为主，会消耗一部分碱，故反应后 pH 会下降。综合图 4-1 和图 4-2 结果，在后续试验中，为了确保 CN^- 得到有效去除，选择原水 pH=9.0 进行除 CN^- 试验。

4.1.2　温度对氰化物去除效果的影响

考虑到冬夏季的水温差异较大，K_2FeO_4 的稳定性也受温度影响，故在上述结果基础上，改变水体温度(分别为 5 ℃、10 ℃、15 ℃、20 ℃、25 ℃和 30 ℃)以考察温度对 K_2FeO_4 去除 CN^- 效果的影响，得到图 4-3 的结果。由图 4-3 可以看到，在 5 ℃～25 ℃范围内，升温使 K_2FeO_4 对 CN^- 的去除率略微升高；但当温度大于 25 ℃时，CN^- 去除率又略有下降。这是由于体系温度较高不利于 K_2FeO_4 的稳定，部分 K_2FeO_4 会发生分解，致使氧化效率降低。不过，总体来说，温度对 K_2FeO_4 去除 CN^- 效果的影响较小，故后续试验在室温下进行。

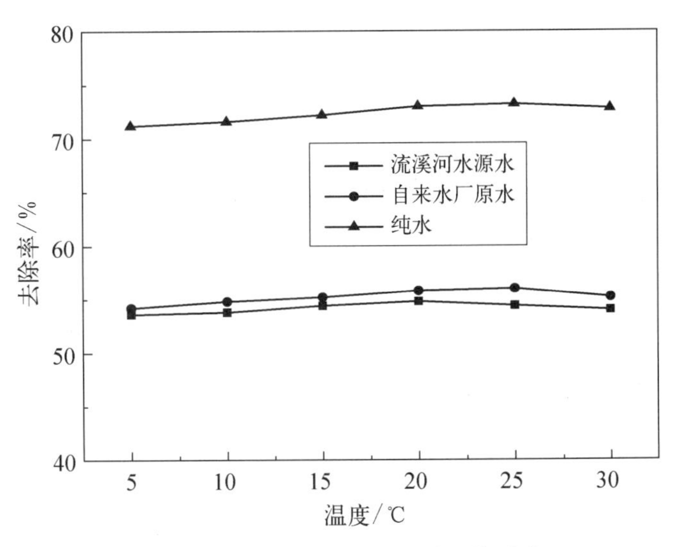

图 4-3　温度对氰化物去除效果的影响

4.1.3　反应时间对氰化物去除效果的影响

K_2FeO_4 具有很强的氧化能力，与其他氧化剂相比，氧化反应速度快且更彻底，它能在几分钟甚至数秒内将 CN^- 氧化，生成毒性更小的物质。考察了在 6 个时间段(1 min、3 min、5 min、10 min、20 min、30 min)内反应时间与 CN^- 去除率之间的关系，得到图 4-4 的结果。从图 4-4 可以看出，反应时间为 1 min 时，K_2FeO_4 对纯水中的

CN^-去除率已达65.7%；在前5 min内，CN^-去除率随时间增加上升很快；在5～10 min之间，增幅很小；10 min后CN^-去除率几乎不再发生变化，CN^-剩余浓度降到0.071 5 mg·L^{-1}以下，去除率大于72.6%，达到了较理想的去除效果。据此，后续试验选择氧化10 min，以确保氧化反应充分进行。

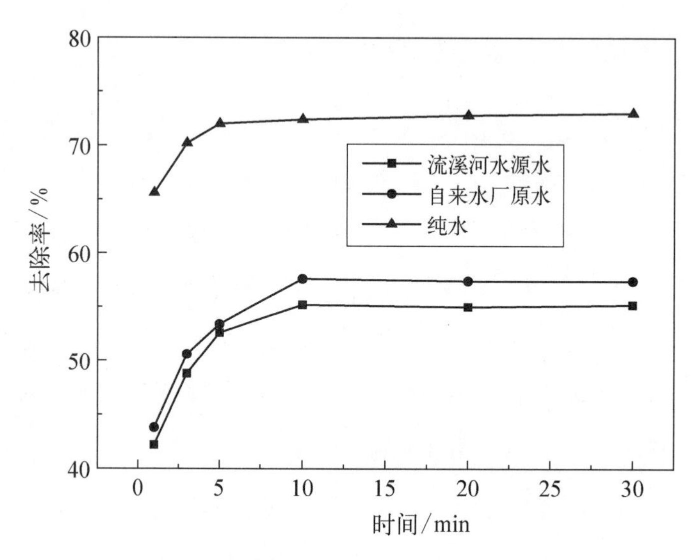

图4-4　反应时间对氰化物去除效果的影响

4.1.4　高铁酸钾投加量对氰化物去除效果的影响

在K_2FeO_4氧化CN^-的过程中，K_2FeO_4投加量对CN^-的去除的影响较大。由K_2FeO_4投加量与CN^-去除率之间的关系曲线（图4-5）可知，随着K_2FeO_4投加量的增加，CN^-去除率呈上升趋势，而且在低投加量条件下，水中CN^-去除率随K_2FeO_4投加量增加几乎呈直线上升；K_2FeO_4投加量为1.5 mg·L^{-1}时，纯水中CN^-的去除率已经高达97.8%，继续增加K_2FeO_4投加量，最后CN^-几乎可被完全去除；而此时自来水厂原水和流溪河水源水中的CN^-去除率相对较低，分别为77.2%和71.6%，这是因为在自来水厂原水和流溪河水源水中，含有一定量的还原性物质和杂质离子，它们不仅消耗掉了部分K_2FeO_4，产物$Fe(OH)_3$还会促使K_2FeO_4的分解，影响了其对CN^-的去除效果；当K_2FeO_4投加量增加为2.5 mg·L^{-1}时，水厂原水和流溪河水源水中的CN^-剩余浓度为0.012 6 mg·L^{-1}和0.013 2 mg·L^{-1}，出水水质均满足《生活饮用水卫生标准》(GB5749—2006)。

值得注意的是，当K_2FeO_4投加量继续增加为3.0 mg·L^{-1}时，水厂原水和流溪

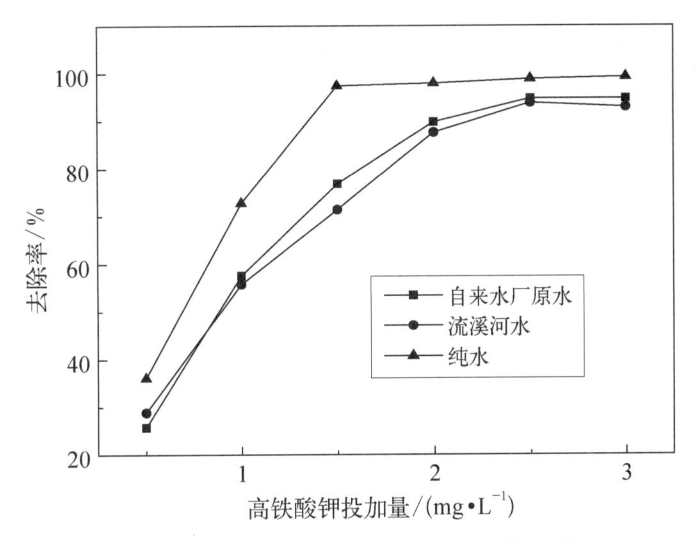

图 4-5　反应时间对氰化物去除效果的影响

河水源水中的 CN^- 去除率略有降低。这是因为 K_2FeO_4 投加量增加，固然能够提高 K_2FeO_4 与 CN^- 接触反应的概率，但同时因 K_2FeO_4 分解而产生的 $Fe(OH)_3$ 也增多，进而再加快对 K_2FeO_4 的催化分解，使更多的高铁阴离子无效自行分解，降低了 K_2FeO_4 的利用率。这一推论与 K_2FeO_4 投加量较大时，水中 K_2FeO_4 紫色消退较快和体系更易变浑浊的实验现象相一致。由上述试验可知，当原水中 K_2FeO_4 投加量与原水中 CN^- 质量比满足 $K_2FeO_4 : CN^- = 10 : 1$ 时，CN^- 的去除能达到理想效果。

4.2　不同碱对高铁酸盐处理硫化氢的影响

一些来源于污泥处理工艺以及其他城市废物处理设施，如垃圾转运站、垃圾填埋场等也散发出令人难以忍受的臭味，含硫化合物被认为是引起污泥臭味主要的物质之一，这些含硫化合物主要包括硫化氢、硫醇、二甲基硫和二硫化碳等。硫化氢是其中一种典型的有毒含硫臭气，在空气中体积百分含量 0.05×10^{-6} 微量的硫化氢就会被人识别，有臭鸡蛋气味，长时间暴露在含低浓度的硫化氢的环境中不仅严重地威胁人身安全，而且会引起设备和管路的腐蚀和催化剂中毒，因此，必须对硫化氢进行脱除。我国天然气中普遍含有硫化氢，并且随着大规模的勘探开发，含硫化氢的油气井将愈来愈多，研究开发先进、经济和适合我国国情的天然气脱 H_2S 技术是我国今后实施能源战略必须解决的问题。

大多数处理臭气的干法脱硫，如活性炭吸收法、膜分离法等，设备投资大，脱硫剂需要间歇再生或更换，且硫容量相对较低，而工业生产及城市污水处理厂产生的臭气中含大量的水分，会大大降低干法去除臭气的效率。与干法脱硫相比，湿法脱硫具有占地面积小、设备简单、操作方便、投资少等优点，因此 H_2S 脱除以湿法脱硫为主，干法脱硫主要用于湿法脱硫以后的精细脱硫。按脱硫剂的不同，湿法脱硫又可以分成液体吸收法和吸收氧化法两类。液体吸收法中包括利用碱性溶液的化学吸收法、利用有机溶剂的物理吸收法以及同时利用物理吸收和化学溶剂的物理化学吸收法；吸收氧化法目前最流行的是配和铁法。这些方法一般均会副产硫、硫酸和硫酸铵等。

高铁酸盐是一种强氧化剂，在酸性条件下和碱性条件下，高铁酸盐的标准电极电势分别为 $E^0(FeO_2^{4-}/Fe^{3+})=2.20\ V$，$E^0(FeO_2^{4-}/Fe(OH)_3)=0.72\ V$，比常见氧化剂如高锰酸钾、次氯酸、过氧化氢等都高，因此可以把难氧化的恶臭物质氧化，且其还原产物为氢氧化铁。氢氧化铁具有絮凝沉降的作用，可以进一步去除水中的污染物质。不仅如此，三价的铁无害，在自然界中广泛存在，不会对环境、人体造成二次污染，后续处理的成本费用低，而且高铁酸盐能在几秒至几分钟内将有机硫化物、无机硫化物快速降解成无害的化合物。目前，有研究表明，可以在强碱溶液中用电解法生成高铁酸盐，在线去除臭气。在此过程中，有两个过程：① 高铁酸盐的生成。② 高铁酸盐的消耗。这种在线去除臭气的方法可以有效地解决高铁酸盐生成后易氧化被还原失效的现象，而且简化了高铁酸盐的运输和贮存过程。因此高铁酸盐用于臭气的彻底去除是一种有效的药剂。此过程中，硫化氢、甲硫醇等臭味气体先被碱溶液吸收，然后被电解合成的高铁酸盐快速氧化。实际上，化学氧化法已经研究很多年，常见的氧化剂为过氧化氢、高锰酸钾、次氯酸盐，而高铁酸盐对臭气的去除的研究并不多。因此，现研究一种在强碱溶液中利用电解产生的高铁酸盐在线处理臭气硫化氢的新方法。本研究目的在于研究不同的碱溶液和不同碱溶液浓度对高铁酸盐去除臭气效果的影响。

高铁酸盐在碱溶液中的含量采用国标法邻菲啰啉分光光度法测定，气体硫化氢在电解槽进出口的浓度用硫化氢检测器在线检测，反应前后碱溶液中含硫离子的量采用国标法亚甲基蓝分光光度法测定，作为高铁酸盐氧化硫化氢的最终产物硫酸根离子在碱溶液中含量的测定采用国标法铬酸钡分光光度法测定。

在对比组（不通电）和实验组（通电）的试验中发现，出口处 H_2S 的体积分数基本为 0，说明装置中 H_2S 基本可以被 NaOH 和 KOH 溶液快速而完全的吸收，最后变为硫离子，但是硫离子的自然氧化率极低，如图 4－6 所示。在实验组中，在前 30 min 不通电只通入空气和硫化氢混合气体，以便使 NaOH 和 KOH 两种碱溶液中有一定浓度的硫离子。通电以后硫离子的含量明显的下降，可以认为是产生的高铁酸盐氧化了溶液中的硫离子，然后硫离子的含量有所升高，最终硫离子的氧化和吸收达到动态平衡。虽然碱溶液的浓度越高，产生的高铁酸盐越多，但是过多的 OH^- 会降低高铁酸盐的氧化能力，所以要选择最优的碱溶液的浓度，使硫离子的氧化率较高，而高铁酸盐的氧化能力又很好。不同的碱溶液也会对实验结果造成影响。因此，分别以不同浓度的 NaOH 和 KOH 溶液为电解液，测定电解 150 min 时溶液中剩余硫离子的含量，结果如图 4－6 所示。

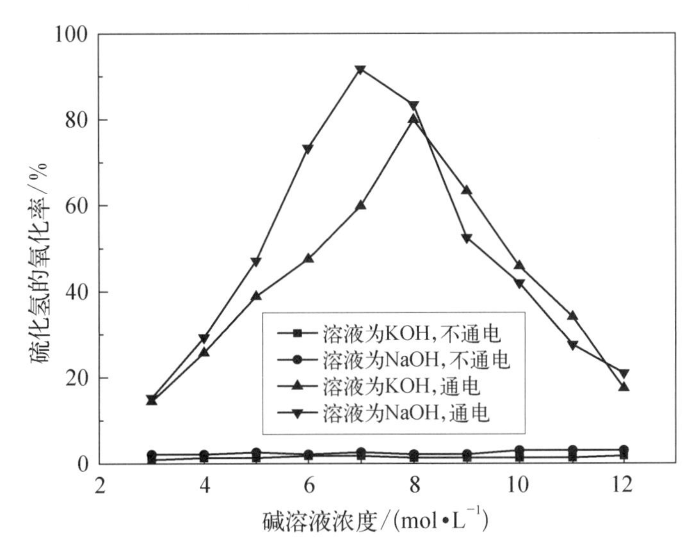

图 4－6　不同浓度碱溶液对去除硫化氢的影响

由图 4－6 可以看出，当碱溶液的浓度小于 8 mol・L^{-1} 时，电解液为 NaOH 的实验组的 H_2S 的去除率比电解液为 KOH 的实验组中 H_2S 的去除率要高很多。当碱溶液的浓度大于 8 mol・L^{-1} 时，电解液为 NaOH 的实验组的 H_2S 的去除率比电解液为 KOH 的实验组中 H_2S 的去除率要略低。当 NaOH 溶液的浓度为 7 mol・L^{-1} 时，H_2S 的去除率达到最高值 91.65%，当 KOH 溶液的浓度为 8 mol・L^{-1} 时，H_2S 的去除率达到最大值 80.36%。因此，不管从节约成本还是去除效果的角度，电解液都应选择 NaOH 溶液。

NaOH 溶液浓度在 5～9 mol・L^{-1} 时，实验组的硫离子去除得更多，去除率为 46.94%～91.65%，说明此时硫离子的氧化率比在其他浓度的 NaOH 溶液中更高。NaOH 溶液的浓度小于 5 mol・L^{-1} 或大于 9 mol・L^{-1} 时，溶液中硫离子的去除率较低，说明在此浓度的 NaOH 溶液中，硫离子的氧化率比 NaOH 溶液浓度在 5～

9 mol・L^{-1} 时低。当 NaOH 溶液的浓度为 7 mol・L^{-1} 时,硫离子的去除率最高,可达到 91.65%。

本实验采用电化学方法产生高铁酸盐,在反应器中,H_2S 先被碱溶液吸收,再被电解产生的高铁酸盐氧化去除。在常温常压下,电流密度为 4 mA・cm^{-2},一定浓度碱溶液的条件下,通入反应器的 H_2S 几乎被碱溶液完全吸收,硫离子被新产生的高铁酸盐的氧化去除率也很高。研究发现,当电解液为 NaOH 溶液时,H_2S 的去除效率较好,当 NaOH 溶液的浓度为 7 mol・L^{-1} 时,硫离子的去除率可达到 91.65%。

4.3 不同因素对高铁酸钾处理含砷废水效果的影响

砷是地壳中含量较多的非金属元素之一。它是一种原生质毒物,具有较大的毒性,砷和它的化合物是常见的环境污染物,与汞、镉、铬、铅一起被称为环境中的五毒。印染、冶金、炼油、硫酸、化肥、皮革、陶瓷制造、农药等工业是含砷废水的主要来源。随着经济、社会的发展,越来越多的含砷废水进入到环境水体中,主要通过饮用水方式危害人体的健康。据统计,2006 年我国废水中砷的排放量达 245.2 t,因此开发高效可靠的含砷废水处理技术刻不容缓。

目前含砷废水的主要处理方法有化学沉淀法、吸附法、膜法、电渗析法、电凝聚、离子交换法、铁氧体法、生物富集法、微生物转化法和活性污泥法。其中化学沉淀法中产生渣量大,易产生二次污染,离子交换法对于复杂废水交换树脂容易失效成本太高,吸附法适合处理低浓度含砷废水,膜法预处理要求严格、运行成本高,电渗析法还处于实验室阶段,铁氧体法能耗高,生物法存在忍耐毒性不够强、二次污染等问题。可见,现阶段还缺少技术成熟、成本低廉、高效的高浓度含砷废水处理方法。

对于三价含砷废水,当 pH<9.5 时,As(III)处于非离子状态,表现出电中性。而絮凝、沉淀、吸附等对 As(V)脱除是很有效的方法,而对 As(III)却收效甚微,鉴于现在没有一种直接脱除 As(III)的简单可行的方法,氧化过程便成了去除 As(III)的前提。传统工艺中使用次氯酸盐和双氧水作为氧化剂,氧化效率可以达到 90%以上,但出水中砷的浓度依然无法达标排放。同时,As(III)比 As(V)的毒性要高出 60 倍,对人体的健康危害极大。因此采用高铁酸钾氧化脱除 As(III)便成为含砷废水处理的理想途径,在氧化 As(III)成 As(V)的同时,高铁酸钾分解得到 Fe^{3+} 可以与 AsO_4^{3-} 生成 $FeAsO_4$ 沉淀,同时生成的 $Fe(OH)_3$ 沉淀对砷离子也有一定的去除效果。施健兵

等用高铁处理微污染含砷地表水，目前高铁酸钾用于处理高浓度含砷废水的应用研究尚未见报道。本节采用高铁酸钾氧化-絮凝一体化工艺处理 100 mg·L^{-1} 模拟含砷废水，取得了很好的效果。

4.3.1　Fe/As 质量比对砷去除效果的影响

取 200 mL 浓度为 100 mg·L^{-1} 的含砷模拟废水，置于 25 ℃恒温磁力搅拌水浴箱中，反应时间 30 min，水解时间为 20 min，改变从 Fe/As 质量比为 1.0∶1、2.0∶1、2.5∶1、3.0∶1、4.0∶1，调节 pH=7，静置过滤，实验结果如图 4-7 所示。

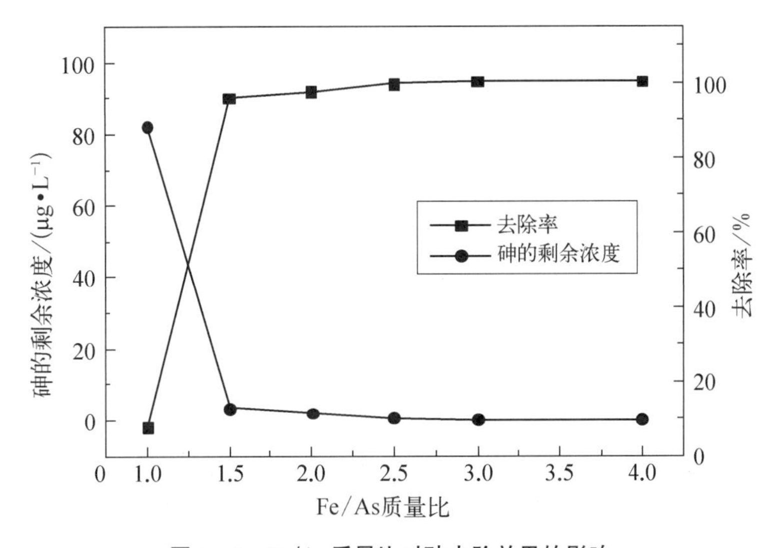

图 4-7　Fe/As 质量比对砷去除效果的影响

由图 4-7 可知，随 Fe/As 质量比的增加，砷的残余浓度越来越低，当 Fe/As 质量比大于等于 3∶1 时，砷残余浓度低于 10 μg·L^{-1}，达到《生活饮用水卫生标准》(GB5749—2006)一类水质标准(10 μg·L^{-1})。但 Fe/As 质量比低于 2.5∶1 时，pH=7，水呈黄色，没有沉淀生成。一定 pH 条件下，加入 $FeAsO_4$ 的量应超过化学计量，才能使氧化反应进行完全，$FeAsO_4$ 的量超过化学剂量越大，砷的脱除效果越好。实验表明，Fe/As 质量比为 3∶1 时，砷已脱除到 10 μg·L^{-1} 以下，再增大 Fe/As 质量比对脱砷影响很小，故其质量比最佳值为 3∶1。

4.3.2　pH 对砷去除效果的影响

取 200 mL 浓度为 100 μg·L^{-1} 的含砷模拟废水，置于 25 ℃恒温磁力搅拌水浴箱中，反应时间为 30 min，水解时间为 20 min，Fe/As 质量比为 3∶1，改变 pH=3、5、

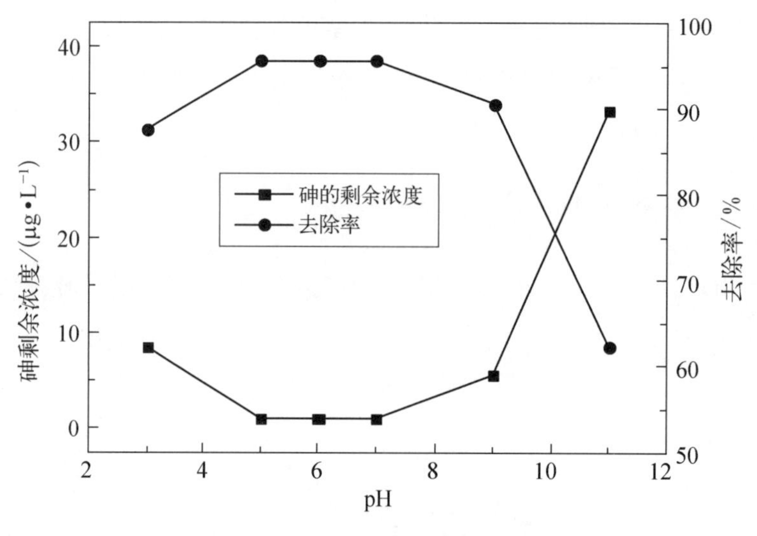

图 4-8　pH 对砷去除效果的影响

6、7、9、11，静置过滤，实验结果如图 4-8 所示。

由图 4-8 可以看出，随着 pH 的增大，砷的残余浓度逐渐减小，pH 在 5～7 的范围内，砷的剩余浓度出现最小值 10 μg/L，然后随着 pH 的增大，砷的浓度急剧增大。pH 低于 5 时砷的残余浓度较高，因为 pH 低，H_3AsO_3 平衡浓度大，增加了溶液中砷的含量。当 pH 继续增大时，三价砷浓度进一步减小，有利于 $FeAsO_4$ 生成，因而 pH 在 5～7 时砷的脱除效果最好，残余砷浓度低于 10 μg/L。随着 pH 的持续增大，溶液中残余砷浓度急速增大，其可能的热力学原因是：在高 pH 条件下，Fe^{3+} 离子主要以羟合配离子 $Fe(OH)^{2+}$、$Fe(OH)_2^+$、$Fe(OH)_4^-$、$Fe_2(OH)_2^{4+}$ 等形态存在，从而促使已生成的 $FeAsO_4$ 反溶。由以下机理表示：

首先 $FeAsO_4$ 反溶，

$$FeAsO_4 \longrightarrow Fe^{3+} + AsO_4^{3-} \tag{4.4}$$

反应生成的 Fe^{3+} 按下列反应生成羟合铁离子：

$$Fe^{3+} + H_2O \longrightarrow Fe(OH)^{2+} + H^+ \tag{4.5}$$

$$Fe^{3+} + 2H_2O \longrightarrow Fe(OH)_2^+ + 2H^+ \tag{4.6}$$

$$Fe^{3+} + 3H_2O = Fe(OH)_3 \downarrow + 3H^+ \tag{4.7}$$

$$Fe^{3+} + 4H_2O \longrightarrow Fe(OH)_4^- + 4H^+ \tag{4.8}$$

$$2Fe^{3+} + 2H_2O \longrightarrow Fe_2(OH)_2^{4+} + 2H^+ \tag{4.9}$$

因此，随 pH 的增大，砷的残余浓度迅速增大。pH 在 5～7 的范围时高铁酸钾除砷效果最好，本试验取 pH=6 作最佳值。

4.3.3　温度对砷去除效果的影响

取 200 mL 浓度 100 μg・L^{-1} 的含砷模拟废水，Fe/As 质量比为 3∶1，反应时间为 30 min，调节 pH=6，控制反应温度分别为 15 ℃、20 ℃、25 ℃、30 ℃、35 ℃、40 ℃，水解时间为 20 min，静置过滤，实验结果如图 4-9 所示。

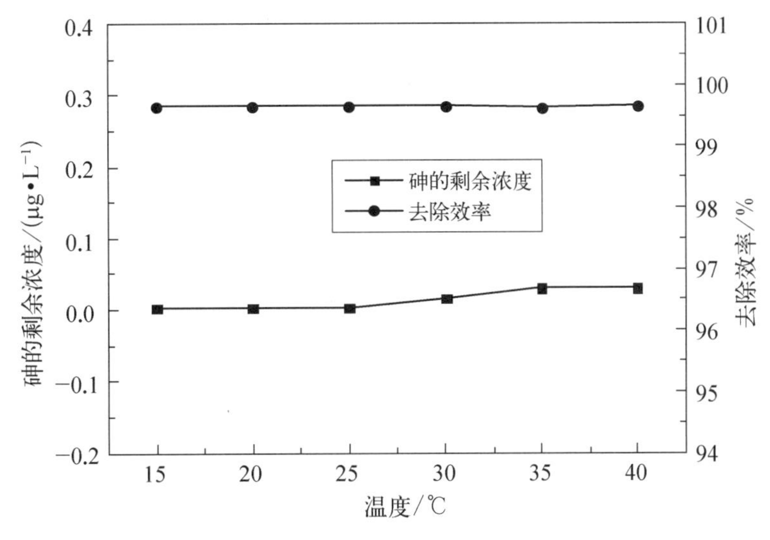

图 4-9　温度对砷去除效果的影响

由图 4-9 可知，在最佳 Fe/As 质量比和 pH 条件下，温度小于等于 30 ℃砷的剩余浓度比较低，温度对高铁酸钾处理砷的去除效率影响不明显。当温度高于 30 ℃，溶液中砷的剩余浓度有所增加，其原因主要是 $FeAsO_4$ 的溶解度随温度升高而增大，故溶液中的 AsO_4^{3-} 浓度增大，砷的去除效率下降；同时温度升高会影响高铁酸钾在溶液中的稳定性，使高铁酸钾分解加速，降低高铁酸钾对砷的氧化率，进而降低了砷的去除效果。实验发现，在选用高铁酸钾氧化-絮凝一体化工艺除砷的过程中最佳处理温度为 25 ℃。

4.3.4　氧化时间对砷去除效果的影响

取 200 mL 浓度 100 μg・L^{-1} 的含砷模拟废水，Fe/As 质量比为 3∶1，反应温度为 25 ℃，调节 pH=6，控制氧化时间分别为 5 min、10 min、15 min、30 min、45 min、90 min，水解时间为 20 min，静置过滤，实验结果如图 4-10 所示。

由图 4-10 可知，随着反应时间的延长砷的剩余浓度不变，Johnson 等报道高铁

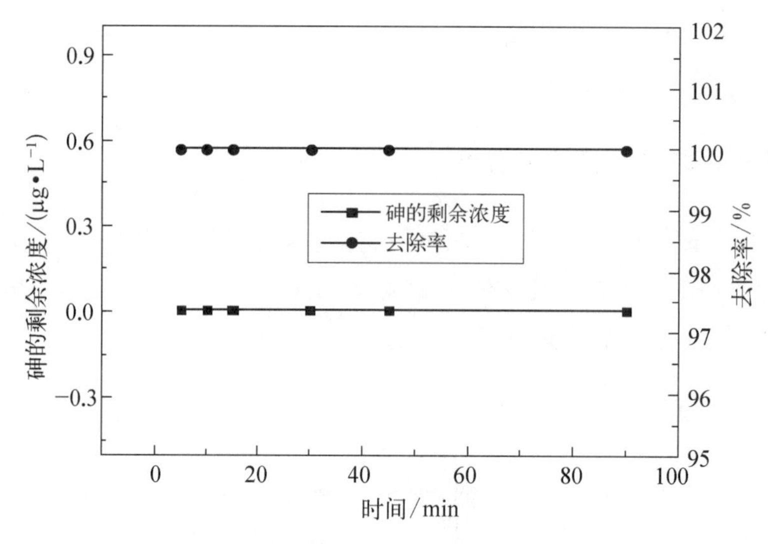

图 4-10　氧化时间对砷去除效果的影响

酸盐与抗坏血酸盐、肼类的反应速度非常快，后来 Lee 等研究了 Fe(Ⅵ)与 As(Ⅲ)反应的半周期为 1 s，由前人的研究结果可知高铁酸盐与 As(Ⅲ)的氧化反应可以在很短的时间内完成，实验结果与文献报道一致。延长反应时间，对高铁酸钾除砷的氧化效率无影响。实验过程中，考虑沉降絮凝效果，取最佳氧化反应时间为 15 min。

4.4　不同因素对高铁酸钾处理多晶硅废水效果的影响

随着太阳能电池上游产业——多晶硅产业的迅速发展，多晶硅废水的治理也愈加受到关注。多晶硅废水是一类有机物浓度高、难以生物降解、悬浮物和胶体含量高、组分复杂、较难处理的工业废水。高铁酸盐以铁的六价形态存在，在整个 pH 范围内都有强氧化能力，酸、碱条件下其标准电极电势分别为 2.2 V、0.72 V。大量研究表明，高铁酸盐可有效氧化降解水中各种类型的有机污染物，如醇类、羧酸类、酚类、有机硫等化合物。高铁酸盐的预氧化作用能破坏有机物对胶体颗粒的保护，使胶体粒子脱稳，从而起到助凝作用。此外，高铁酸盐在被还原的过程中能产生大量正价态水解产物，它们同最终产物 $Fe(OH)_3$ 一起达到助凝、吸附共沉淀去除污染物的目的。可见，高铁酸盐集氧化、吸附、絮凝及助凝功能于一体，是安全无毒副作用的多功能高效水处理药剂，在水处理应用领域具有重要的研究和应用前景。

多晶硅企业生产过程中所产生的有机废水含有多晶硅切削液中的聚乙二醇、清

洗产生的中低浓度 F^-、较多悬浮物和胶体物质，具有代表性，较难处理，因此采用该有机废水作为处理研究对象。多晶硅废水的 pH、COD、F^-、浊度分别为 6.0、1 670 $mg \cdot L^{-1}$、38.3 $mg \cdot L^{-1}$、465 NTU。本节采用高铁酸钾处理多晶硅企业产生的有机废水，考察了 pH、高铁酸钾投加量和反应时间等影响因素对处理效果的影响。

4.4.1　初始 pH 对 COD、浊度、F^- 去除效果的影响

将原水初始 pH 调至 2～10，投加 500 $mg \cdot L^{-1}$ 高铁酸盐，反应 30 min，絮凝 10 min，静置沉淀 30 min，取上清液测定 COD、F^-、浊度。考虑到实际应用情况，实验中只预调初始 pH，而不控制整个反应、絮凝过程的 pH。溶液 pH 的变化情况如表 4-1 所示，各初始 pH 下高铁酸盐对 COD 的去除效果如图 4-11 所示，浊度、F^- 去除效果如图 4-12 所示。

表 4-1　各初始 pH 下溶液的 pH 变化

初始 pH	反应结束后的 pH	絮凝结束后的 pH
2	6.4	7.0
3	7.1	7.7
4	7.5	8.1
5	7.7	8.5
6	8.2	9.3
7	9.1	10.2
8	9.8	10.9
9	10.3	11.2
10	11.1	12.0

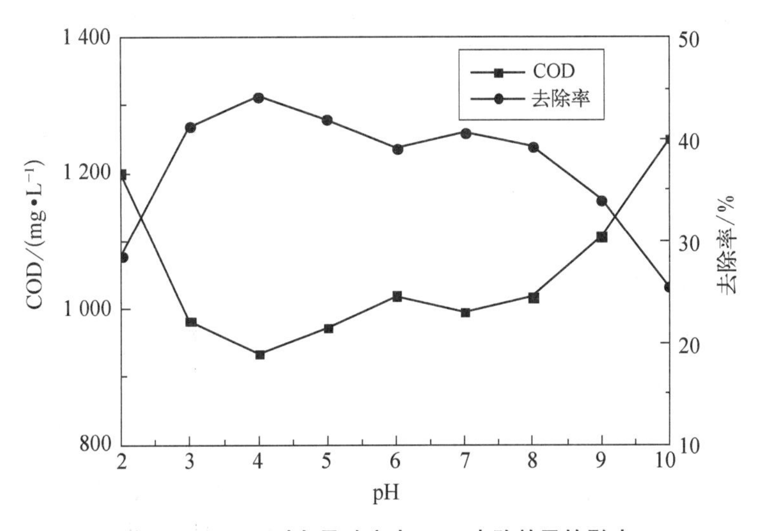

图 4-11　pH 对多晶硅废水 COD 去除效果的影响

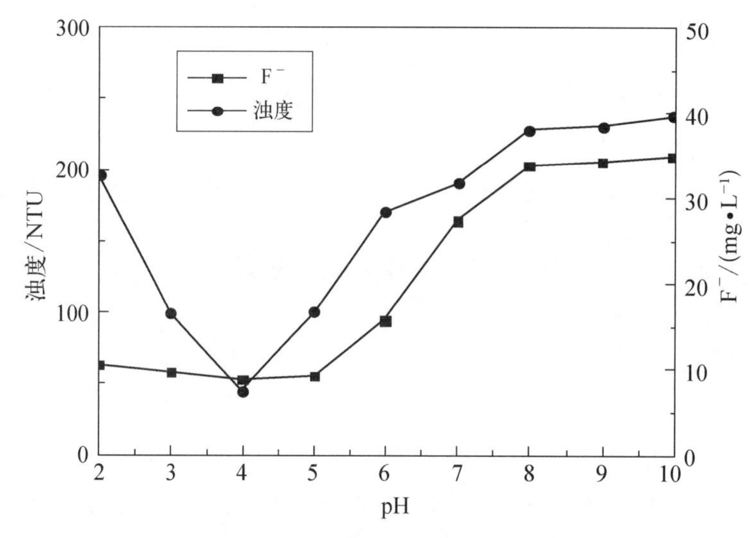

图 4-12　pH 对多晶硅废水浊度和 F^- 去除效果的影响

从表 4-1 可见，投加高铁酸钾会使溶液 pH 上升，这是因为高铁酸根水解后会放出氧气，并析出絮状的氢氧化铁，同时产生 OH^-，反应方程式如下：

$$4FeO_4^{2-} + 10H_2O = 4Fe(OH)_3\downarrow + 8OH^- + 3O_2 \tag{4.10}$$

从图 4-11 可见，初始 pH=2、10 的时候，COD 去除率最低；初始 pH=4 的时候，COD 去除率最高。分析认为，酸性条件下 FeO_4^{2-} 非常活跃，水溶液中的 H^+ 与 FeO_4^{2-} 水解产生的 OH^- 发生中和反应，使 OH^- 浓度降低，反应向正方向进行，即 H^+ 的存在会加快 FeO_4^{2-} 的水解。因此初始 pH=2 或更低时，高铁酸盐极不稳定，快速分解迅速释放氧气，导致高铁酸盐与有机物作用时间太短，不利于有机物的氧化降解。当初始 pH=4 时，反应阶段溶液 pH 在 4～7.5 之间，随着 pH 的升高，高铁酸盐稳定性开始增加，在弱酸性到中性范围内高铁酸盐仍具有很强的氧化性及较长的分解氧化作用时间，因此对 COD 降解效果最好。随着初始 pH 进一步升高，高铁酸盐的氧化还原电位逐步下降，高铁酸盐对 COD 的去除率呈逐级下降趋势。当初始 pH=9 或更高时，在强碱性环境中高铁酸盐自身稳定性增加，水解困难，氧化性变得微弱，对 COD 的去除率显著下降。此外，COD 去除率和胶体、悬浮物态有机物的去除效果也有密切关系。

从图 4-12 可见，初始 pH=4 时上清液的浊度最低，初始 pH 过低或过高时上清液浊度都较高。分析认为，多晶硅废水中的胶体物质主要是由聚乙二醇在切割过程中受热及与空气接触发生氧化、聚合等化学反应再结合 SiC 微粉生成的，这类胶体需要良好的预氧化才能脱稳，高铁酸盐的氧化对助凝很重要。当初始 pH=2 或更低时，预氧化效果不理想，因此絮凝效果不佳，处理后废水浊度仍较高。当初始 pH=4

时高铁酸盐的预氧化作用增强，氧化还原产物 $Fe(OH)_3$ 具有很强的吸附和絮凝作用，与同时产生的大量正价态水解产物一起，通过络合、吸附架桥、沉淀物网捕等作用对悬浮态和胶体态有机物有很好的絮凝和去除效果，浊度去除率达 90.5%，此时高铁酸盐对 COD 的氧化作用也最好，两个因素共同发挥作用，对 COD 去除率也最高。pH 升高后，高铁酸盐对包裹胶体的有机物的预氧化作用降低，水解产生 $Fe(OH)_3$ 的速度和量都较低，而 $Fe(OH)_3$ 具有两性属性，在强碱性环境下可部分溶解，以及 OH^- 浓度增大引起盐效应，都导致絮凝效果差，浊度变高。

图 4-12 中，初始 pH 较低时除氟效果较好，随着 pH 的升高，除氟效果明显下降。pH 较低时高铁酸盐水解产生 $[Fe(H_2O)_6]^{3+}$、$[Fe_2(H_2O)_8(OH)_2]^{4+}$、$[Fe_3(H_2O)_5(OH)_4]^{5+}$ 等多核正价络合离子，这些络合离子对氟离子产生强静电吸引作用，再通过电中脱稳形成絮体，絮体又进一步对氟离子产生吸附作用，除氟效果明显。随着 pH 升高，溶液中 $[Fe(H_2O)_6]^{3+}$、$[Fe_2(H_2O)_8(OH)_2]^{4+}$、$[Fe_3(H_2O)_5(OH)_4]^{5+}$ 等多核正价络合离子最终逐步转变为 $Fe(OH)_3$ 沉淀，另外 OH^- 浓度增大，与氟离子发生竞争吸附，对氟离子的静电吸引、吸附作用开始减弱，去除率呈现降低趋势。综上，初始 pH=4 时，高铁酸盐对 COD 和浊度的去除率最高，低 pH 对除氟有利。

4.4.2　高铁酸钾投加量对 COD、浊度、F^- 去除效果的影响

将原水初始 pH 调至 4，分别加入不同量的高铁酸钾，反应 30 min，絮凝 10 min，静置沉淀 30 min，取上清液测定 COD、F^-、浊度，COD 去除效果如图 4-13 所示，F^-、

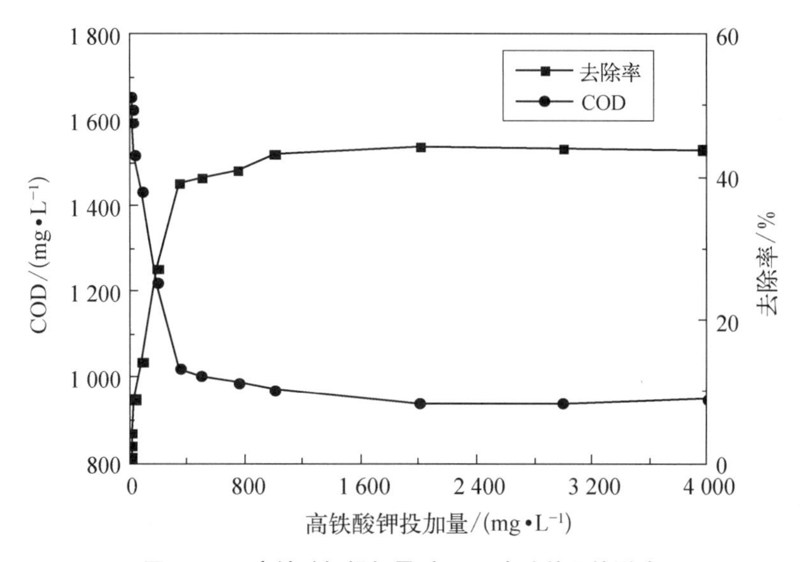

图 4-13　高铁酸钾投加量对 COD 去除效果的影响

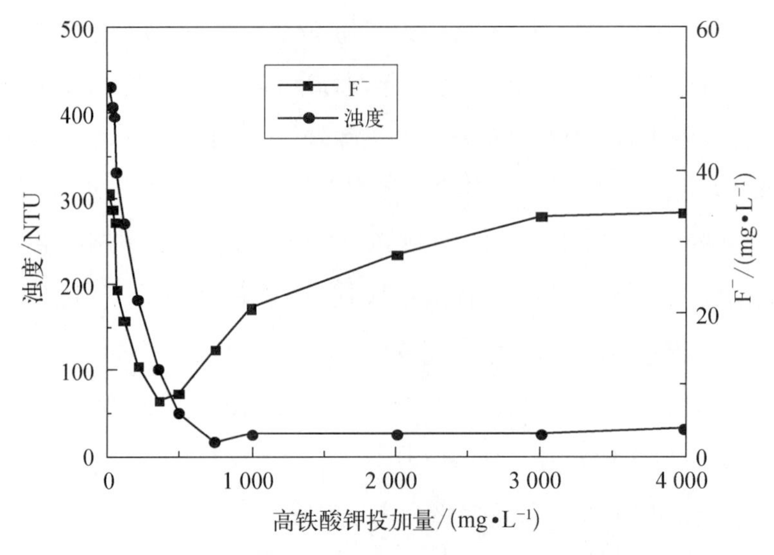

图 4-14 高铁酸钾投加量对浊度和 F^- 去除效果的影响

浊度的去除效果如图 4-14 所示。

从图 4-13 和图 4-14 可见，刚开始随着高铁酸钾投加量的增加，COD 去除率逐步增加，当投加量达到 500 mg·L^{-1} 以后，COD 去除率增加速度开始下降，呈缓慢增加趋势。投加量较少时，高铁酸盐浓度越高，氧化和絮凝作用都越强，污染物去除率得到提高。但当高铁酸盐投加量达到一定值后，水解氧化反应会使溶液 pH 快速升高，见表 4-2。

表 4-2 各高铁酸钾投加量下溶液的 pH

投加量/(mg·L^{-1})	反应、絮凝后 pH
0	4
50	6
100	6.9
250	7
500	7.9
750	8
1 000	8.6
2 000	9
3 000	10
4 000	10.7

pH 的快速升高使高铁酸盐在高氧化还原电位下具有氧化性的时间变短，减弱和抵消了由于投加量增加对氧化性的增强效果，也影响到对胶体的预氧化和絮凝效果。

因此，达到一定投加量后，高铁酸盐的氧化、絮凝效率增加趋势变缓，COD 和浊度去除效果增加不明显或略有下降。

从图 4-14 可见，一开始随着高铁酸钾投加量的增大，除氟效果明显提高，当高铁酸钾投加量达到 350～500 mg・L^{-1} 后，随着投加量的增加，除氟效率开始明显下降。分析认为，高铁酸钾投加量影响溶液 pH，从而间接影响除氟效果。当高铁酸钾投加量较低时，溶液 pH 较低，高铁酸钾水解产生多核正价络合离子的静电吸引、电中和、絮凝吸附除氟效果好；随高铁酸钾投加量增加，pH 升高，多核正价络合离子最终逐步转变为 $Fe(OH)_3$ 沉淀，对氟离子的静电吸引、吸附作用开始减弱，同时存在 OH^- 竞争吸附，使去除率降低。综上认为，500 mg・L^{-1} 为高铁酸盐最佳投加量，过大的投加量并不能明显提高污染物的去除效果。

第5章　高铁酸盐去除水体藻类的研究

近几十年中，随着工农业的发展，湖泊、水库水体的富营养化日趋严重，藻类过量繁殖严重影响了给水处理效果。造成这种现象的主要原因是：藻类带负电（ξ电位一般在−40 mV以上）难以混凝；藻类代谢产物（如碳水化合物、肽和有机酸等）会吸附在胶体颗粒表面，增加其负电性，同时也会与水中金属离子络合，穿透滤池。藻类这些水质特征必然加大了处理含藻水的难度。

饮用水源受到藻类及有机微污染物的影响是困扰目前国内外水处理领域的难题。水藻爆发对饮用水水质的危害已引起全世界的广泛关注，尤其是藻毒素对健康的威胁已引起高度重视。腐殖酸使天然水体着色并产生不良嗅味，同时也是饮用水消毒副产物的主要前驱物质之一。在天然水体中，腐殖酸和藻类常常相伴而存在。

自20世纪90年代以来，淡水水体富营养化程度日益加剧，藻类水华频繁发生，这已成为国内外普遍关注的环境问题。蓝藻中的微囊藻产生的微囊藻毒素为具有生物活性的七肽单环肝毒素，是目前发现的最强的肝脏肿瘤促进剂。微囊藻毒素是蓝藻的微囊藻属及其他属中的某些种类或品系产生的次生代谢产物，由于这类蓝藻是产生淡水水华的主要生物，使得大量水体中有微囊藻毒素存在。这类毒素已发现60多种异构体，其中存在较多、毒性较大的是MC－LR、MC－YR、MC－RR（L、Y、R分别代表亮氨酸、酪氨酸、精氨酸）。目前世界各国科学家分别采用不同方法在微囊藻毒素MC去除方面进行了大量的研究，但是这些方法均存在不同程度的缺陷，迄今如何有效控制蓝藻水华污染和去除微囊藻毒素（MC）仍是摆在环境科学领域的一个难题。

5.1　藻类对水质的影响及常规除藻方法

5.1.1　藻类特征

藻类是所有植物中最古老的，大多数藻类生活在水中。它们的结构非常简单，每个可见的个体都没有根、茎、叶的区别——是一个叶状体。按细胞结构、个体的形态、光合色素的种类、繁殖方式和生活史等，我国学者一般将藻类分为 11 门：蓝藻、甲藻、裸藻、绿藻、黄藻、硅藻、轮藻、金藻、隐藻、褐藻和红藻。

藻类的分布习性与水体密切相关。目前发现的藻类近 3 万种，约 90%生活在水体中，陆生种类仅占 10%。按色素的颜色划分，藻类可分为 3 种：绿藻、褐藻和红藻。绿藻(如海莴苣和水绵)只有绿色色素——叶绿素；褐藻(如墨角藻属植物)只有褐色和黄色色素；红藻则含有红色和蓝色色素。藻类用色素来获得能源，它们的生长也需要水和光。褐藻只能生长在海水中，绿藻和红藻也可以生长在淡水中。藻类为光合有机体，都具有叶绿素 a，而其他色素差异较大，因此叶绿素 a 在植物中也称为基本色素。藻类依靠自养性叶绿素生长，最适 pH=6～8，生长的 pH 范围在 4～10 之间，大多数藻类是中温性的。

5.1.2　藻类对水质及水处理的危害

藻类会引发臭味，在藻类大量繁殖的水体中，藻类一般是主要的致臭微生物。藻类产生毒素，其中大部分毒素具有水溶性，直接污染了水体。世界各地均有人类因饮用被藻毒素污染的水或间接食用被藻毒素污染的淡水中的生物而出现肝损害、胃肠炎、腹泻和皮炎等疾病的报道。淡水藻类中，毒性最强、污染范围最广且最严重的藻类多为蓝绿藻。近年来，藻类毒素污染水体引起人畜中毒甚至死亡的事件时有发生，水体中氮、磷含量增加，不但可使藻类数量增长，还可以引起藻类细胞分泌毒素的能力增强，经一定时间在合适的条件下会爆发水华，大量藻类的呼吸作用产生的厌氧条件，同时分泌毒性物质，藻类的死亡及其分解大量消耗了水中的溶解氧，致使鱼类死亡，更进一步增加水中死亡生物有机质的含量，其结果便形成富营养化的恶性循环。藻类的存在会堵塞滤料层。藻类物质在滤池中聚集在一起大量繁殖，在滤池的表面形成一层很密实的黏稠覆盖物，阻止水通过，会使滤料层堵塞，使过滤周期缩短，反冲次数和反冲水量增加，减少产水量，增加冲洗水量并影响出水水质，提高了自来水的生产成本。藻类会对混凝土池壁构成很大威胁。构筑物池壁由于藻类等物质的长期腐蚀，会粗糙老化，池壁的粗糙老化反过来又给藻类物质的寄生繁殖，水垢、青苔的附着生长，提供了有利的栖息场所，加速管网老化和缩短管网的服务年限。另外，穿透滤池进入管网的藻类会成为细菌生长的基质，促进细菌的生长。

5.1.3　常规除藻方法

絮凝剂的种类很多，主要有以下两大类：① 无机盐类絮凝剂。目前应用最广的是铝盐和铁盐。铝盐主要有氯化铝、硫酸铝、明矾等;铁盐主要有三氯化铁、硫酸亚铁和硫酸铁等。② 高分子絮凝剂。高分子絮凝剂有无机高分子絮凝剂、有机高分子絮凝剂和生物高分子絮凝剂三种。由于有机高分子絮凝剂可能存在毒性加之价格昂贵等原因,水处理上应用较少。无机高分子絮凝剂中研究较多的是聚铁盐絮凝剂和聚铝盐絮凝剂。铁盐絮凝剂虽絮凝效果不错,但由于铁离子对饮用水及各种工业用水有着不良影响,且对设备有强烈腐蚀性,也限制了它在水处理方面的应用。目前,在水处理方面应用最广泛的高分子絮凝剂是高分子铝盐和复合型无机高分子铝盐。而且,聚合铝盐有机高分子复配体系用于水处理愈来愈受到重视。

聚合氯化铝(Poly Aluminum Chloride, PAC),是一种高效低毒的无机高分子水处理絮凝剂,其化学通式为$[Al_2(OH)_mCl_{6-m}]_n$($1\leqslant m\leqslant 5$, $n\leqslant 10$)。它具有混凝能力强、用量少、净水效能高、适应能力强的特点,能够除去水中的铁、氟、放射性污染物、重金属、泥沙、油脂、木质素等,也可以除去印染废水中的疏水性染料。对媒染料可作媒染剂,亦能用作油井防砂和精密铸造交替硬化制壳的固化剂。还可用于肥皂废液的甘油回收、乳液破乳再生以及制革、医药、石油、造纸、化妆品等行业的工业用水和废水处理。

高铁酸钾由于其强氧化性及溶于水时生成的 $Fe(OH)_3$ 对各种阴阳离子的吸附作用,所以可作为一种有效的水处理剂在供水工程及污水处理中大量应用。本章将系统介绍高铁酸钾对藻类的去除效果,以及高铁酸钾强化 PAC 去除藻类的效果。

5.2 高铁酸钾强化 PAC 去除藻类

已有报道高铁酸钾可以去除水体中颤藻、栅藻、绿球藻等藻类。研究表明,高铁酸盐的氧化性直接导致了丝状藻丝体的断裂,影响了颤藻的正常段殖体繁殖方式,破坏了栅藻和绿球藻的细胞胶鞘,造成细胞内物质流失,从而达到杀灭藻类的作用。PAC 作为除藻常用的絮凝剂,在原水藻类含量为 2.92×10^9 个/L 的条件下,只投加 PAC,考察 PAC 的单独除藻效果。结果表明,当 PAC 投加量$<40\ mg\cdot L^{-1}$ 时,对藻类的去除率$<60\%$,沉淀后上清液的藻类含量$>10^9$ 个/L,属于高藻水;当 PAC 投加量$>80\ mg\cdot L^{-1}$ 时,除藻效果较好,除藻率提高至 84%~90%,但沉淀后上清液藻类含量仍大于 5×10^8 个/L;继续增加 PAC 投加量,除藻效果无显著提高,表明当 PAC 投加量增加到一定程度后,继续投加 PAC 对除藻效果改善较小。原因可能是增加 PAC 投加量虽然可降低藻类的 ζ 电位,且铝盐水解产物可使部分藻类吸附在絮体表面，但由于 PAC 不能使藻类灭活，因而影响絮体的形成，所以单纯依靠提高 PAC 投加量很难取得理想的除藻效果。

5.2.1　高铁酸钾强化 PAC 去除景观水体藻类研究

在原水藻类含量为 1.5×10^{9} 个/L 的条件下，先投加高铁酸钾预氧化，再投加 PAC 混凝沉淀，考察高铁酸钾对 PAC 除藻的强化效果，结果如图 5－1 所示。

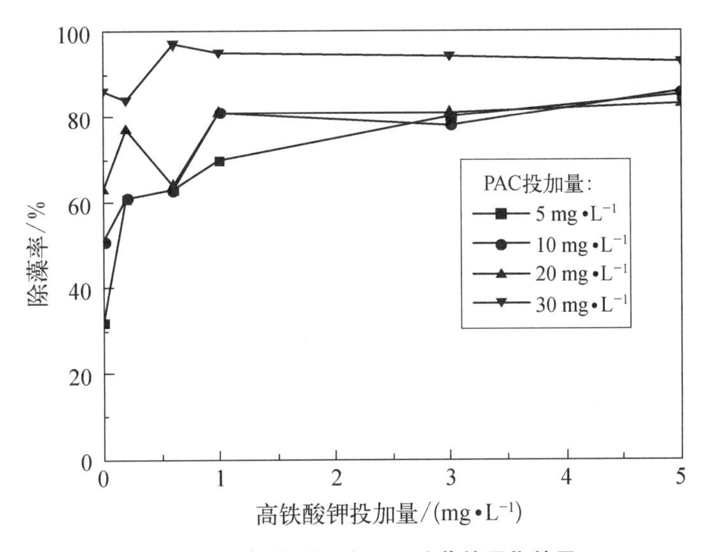

图 5－1　高铁酸钾对 PAC 除藻的强化效果

由图 5－1 可知，经高铁酸钾预氧化后，PAC 的除藻效果明显提高，尤其是在较低的 PAC 投加量下，高铁酸钾的强化除藻效果更为明显。当 PAC 投加量为 5～20 mg • L^{-1} 时，只需投加少量高铁酸钾就可显著提高除藻效果；当 PAC 和高铁酸钾的投加量均为 5 mg • L^{-1} 时，对藻类的去除效果与只投加 30 mg • L^{-1} 的 PAC 时相当，因此高铁酸钾预氧化可明显节省混凝剂用量。其原因为：首先高铁酸盐具有强氧化性，可使藻类失活而更易沉降，同时使藻类细胞膜破裂，释放出黏性物质，有利于絮体的形成；其次高铁酸盐可降低水体中颗粒的 ζ 电位，从而减少混凝剂的用量；再次高铁酸盐可改善絮体结构，由于混凝剂的卷扫网捕作用对絮体的去除效果要优于电中和作用，投加高铁酸盐后，仅需投加少量的混凝剂即可进入卷扫网捕阶段。

5.2.2　高铁酸钾强化 PAC 去除铜绿微囊藻研究

铜绿微囊藻(Microcystis aeruginosa)是常见的水华种类。水华暴发时，水体生态系统的结构和功能遭到破坏，同时水体中藻类产生毒素，因此研究微囊藻及其毒素的去除具有重要的意义。

单独加入不同量的高铁酸钾和 PAC 对铜绿微囊藻去除效果的影响见图 5－2。从图 5－2 可以看出，高铁酸钾和 PAC 均有明显的除藻效果，60 mg·L^{-1} 和 100 mg·L^{-1} 高铁酸钾处理后叶绿素 a 含量分别降低了 42.5%和 53.6%；60 mg·L^{-1} 和 100 mg·L^{-1} PAC 处理后叶绿素 a 含量分别降低了 55.4%和 82.0%。相同浓度下，PAC 的除藻效果优于高铁酸钾。

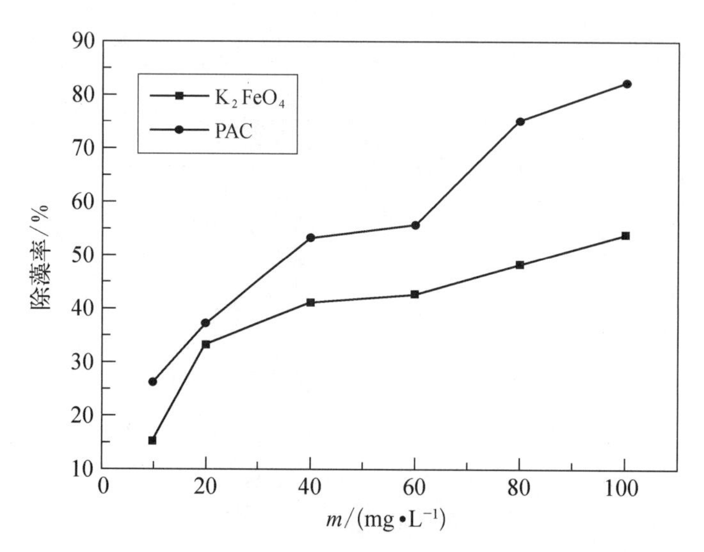

图 5－2　高铁酸盐和 PAC 单独投加对杀藻的影响(pH=8)

铜绿微囊藻在受到高铁酸钾氧化胁迫后能抑制其光合系统 PSII 活性，进而导致光合作用受损；受到胁迫之后，超氧歧化酶和过氧化物酶活性升高以及谷胱甘肽硫转移酶升高应对活性氧以及其他自由基对其的损伤，过量自由基的严重伤害导致细胞膜脂质过氧化，细胞膜通透性增强，造成细胞内物质流失；当损伤进一步加剧时，其光合系统、保护酶系统、物质代谢系统等共同发挥破坏作用，从而导致铜绿微囊藻死亡。随着 PAC 浓度增加，在浓度高于 60 mg·L^{-1} 时除藻效率趋于稳定。其原因可能是，增加 PAC 投加量虽然可降低藻类的 ζ 电位，且 PAC 水解产物可使部分藻类吸附在絮体表面从而发生沉降现象，但由于 PAC 不能使藻类死亡，所以单纯依靠提高 PAC 投加量很难取得理想的除藻效果。

高铁酸钾预氧化后 PAC 混凝联合作用铜绿微囊藻后叶绿素 a 含量的变化如图 5－3 所示。经高铁酸钾预氧化后 PAC 混凝联合作用的除藻效果明显提高，当高铁酸钾为 8 mg·L^{-1}，PAC 为 8 mg·L^{-1} 时，其叶绿素 a 含量与对照相比降低了 57.6%，与单独使用 PAC 40.0 mg·L^{-1} 的效果(55.4%)相当(方差分析，$p>0.05$)。相同量的高铁酸钾预氧化后 PAC 量增加导致铜绿微囊藻叶绿素 a 去除效率增加，当高铁酸钾为 8 mg・L^{-1}，PAC 分别为 8 mg・L^{-1} 与 16 mg・L^{-1} 时，其叶绿素 a 含量与对照相比分别降低了 57.6%和 62.7%。因此在微囊藻水华控制和去除过程中使用高铁酸钾预氧化可以减少混凝剂 PAC 的使用。

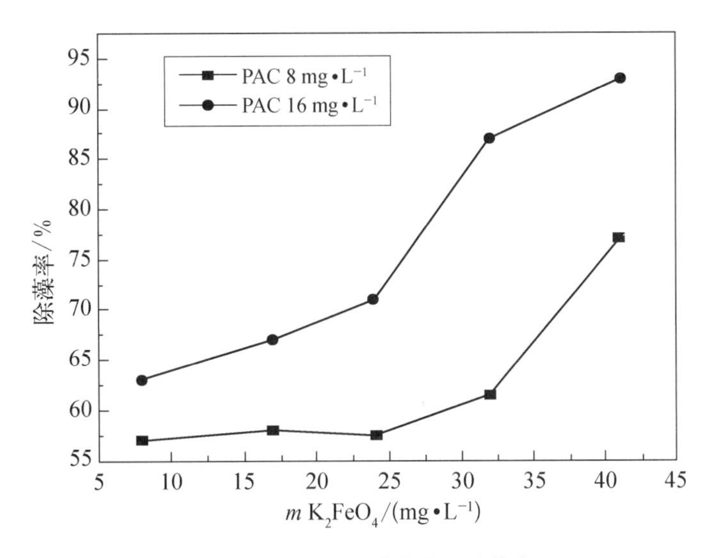

图 5-3　高铁酸钾和 PAC 联合作用除藻率(pH=8)

高铁酸盐具有强氧化性，铜绿微囊藻在受到高铁酸钾氧化胁迫后细胞膜通透性增强，造成细胞内物质流失，释放出胞内物质，有利于絮体的形成；其次高铁酸盐可降低水体中颗粒的 ζ 电位，从而减少混凝剂的用量；此外，高铁酸盐分解后产生的氢氧化铁胶体也可以被吸附在一些藻类细胞表面，在降低细胞的表面电荷的同时也增加了这些细胞的沉淀性。在高铁酸钾上述作用下，藻细胞已经发生变化(或者部分变化)，会减少 PAC 的用量而达到较好的除藻效果。

5.3　高铁酸钾预氧化去除藻类的机理

从前面的结果可以看出，在高铁酸钾的强化作用下，PAC 对藻类的去除效果显著提高。本节将讨论在高铁酸钾预氧化作用下对絮体结构的影响机理以及影响高铁酸钾预氧化的因素。

5.3.1　高铁酸钾预氧化对混凝絮体结构的影响

一般情况下，絮体结构具有分形特性，密实絮体的分形维数较高，而体积过大、分叉多、松散的絮体的分形维数较低，因此分形维数与絮体的沉降性能密切相关。试验在原水藻类含量为 1.56×10^9 个/L、PAC 投加量为 10 mg・L^{-1} 的条件下，采用显微摄像系统采集絮体图像并计算絮体的一阶、二阶分形维数，结果如图 5-4 所示。

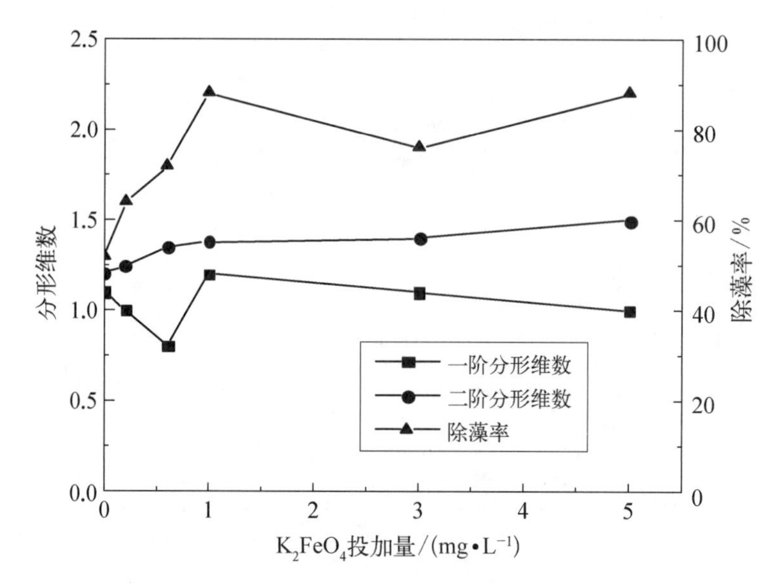

图 5-4　高铁酸钾预氧化对絮体结构的影响

由图 5-4 可知，随高铁酸钾投加量的增加，絮体的二阶分形维数增加，尤其是当投加量大于 1 mg・L^{-1} 后增加更明显，但一阶分形维数并没有表现出一定的规律性。有研究表明，采用二阶分形维数表征絮体的分形结构特征更合理，絮体的二阶最大分形维数对应的最佳投药量，往往与实际生产中的最佳投药量相吻合。因此，投加高铁酸钾预氧化可改善絮体结构，增大絮体的二阶分形维数，使絮体结构更加密实，易于沉降。

ζ 电位代表藻细胞表面所带的电荷，ζ 电位净值越高，藻细胞之间的静电斥力就越大，不利于藻细胞的凝聚。此外，采用化学预氧化的方式强化混凝时都会对藻细胞有不同程度的氧化破坏。为了探讨高铁酸钾预氧化强化混凝机理，考察了高铁酸钾预氧化对藻细胞表面 ζ 电位和破藻率的影响，结果如图 5-5 所示。原水中藻细胞表面的 ζ 电位为 −32.5 mV，单独混凝处理后上升到 −26.8 mV；投加高铁酸钾预氧化后，ζ 电位持续上升，当高铁酸钾投加量为 4 mg・L^{-1} 时，ζ 电位上升到 −18.6 mV，继续增加投加量至 7 mg・L^{-1}，ζ 电位为 −17.4 mV，促进效果减弱。

荧光染料 SYTOX green 可以通过通透性较强的细胞膜并与细胞内的核酸结合染色，把被染色的藻细胞比例定义为破藻率。原水中藻细胞破藻率约为 3%，单独混

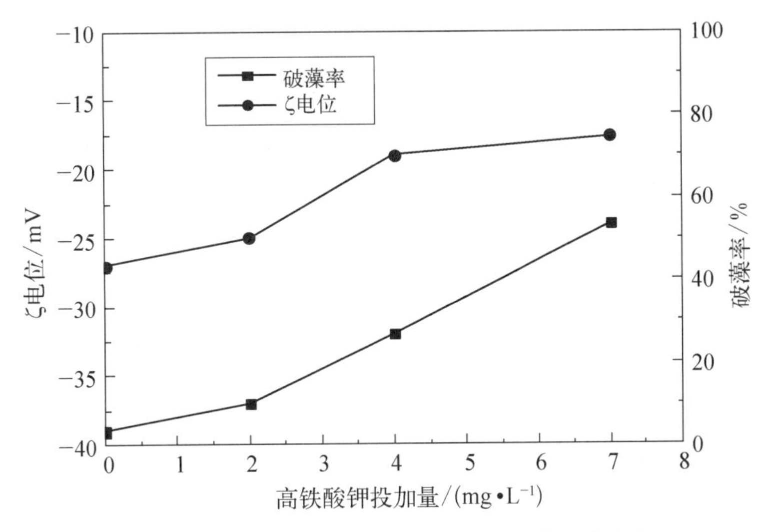

图 5-5　高铁酸钾预氧化对 ζ 电位和破藻率的影响

凝处理后破藻率并无明显变化。高铁酸钾预氧化明显破坏了藻细胞，破藻率随着高铁酸钾投加量的增加而持续上升，当投加量为 4 mg·L^{-1} 时，破藻率为 25.2%；当投加量增加到 7 mg·L^{-1} 时，破藻率达到 58.3%。虽然破藻率明显上升，但胞内有机物的释放并不显著，所以细胞膜通透性的改变并不等同于胞内物的释放。

高铁酸钾预氧化强化混凝除藻的作用机理主要分为两个方面：高铁酸钾的氧化作用及其分解产物的吸附作用。高铁酸钾的强氧化作用可以使藻细胞失活，主要表现在：破藻率的上升；改变藻细胞表面结构，降低藻细胞表面的空间位阻效；氧化细胞表面的藻类有机物，提高 ζ 电位。高铁酸钾被分解后原位产生的羟基氧化铁等纳米铁氧化物可以吸附在藻细胞表面，一方面，纳米铁氧化物在中性条件下通常带正电，纳米颗粒吸附在藻细胞表面同样有助于提高 ζ 电位，促进藻细胞互相凝聚；另一方面，纳米铁氧化物的吸附增加了藻细胞的密度，使藻细胞易于沉淀。综合高铁酸钾的氧化作用和吸附作用，高铁酸钾可以有效地强化混凝除藻。高铁酸钾通过氧化作用及其分解产物纳米铁氧化物的吸附作用，使藻细胞失活、ζ 电位上升、藻细胞密度增加，从而强化混凝除藻效能。

5.3.2　不同因素对高铁酸盐预氧化除藻效果的影响

5.3.2.1　腐殖酸对高铁酸钾预氧化除藻效果的影响

含藻水体中由于腐殖酸的存在，会使单纯硫酸铝的除藻效果降低，而高铁酸钾预氧化可以大幅度降低腐殖酸对混凝除藻效果的影响。

由图 5－6 可见，腐殖酸的存在对藻类细胞的混凝去除有明显阻碍作用，3.4 mg・L^{-1} 的腐殖酸[用溶解有机碳(Dissolved Organic Carbon，DOC)的含量来表征]使硫酸铝混凝、沉淀后的水中余藻去除率降低近 50%倍，并且除藻效率随腐殖酸浓度的增加而明显下降(见图 5－7)。

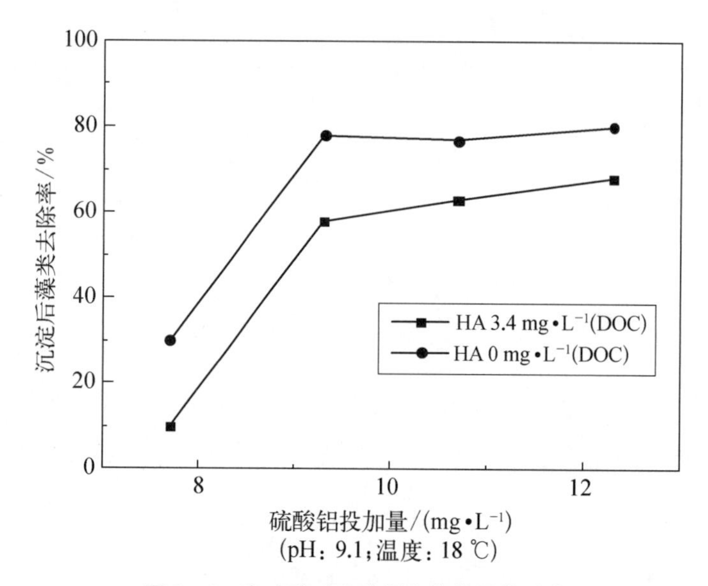

图 5－6　腐殖酸对硫酸铝除藻效果的影响

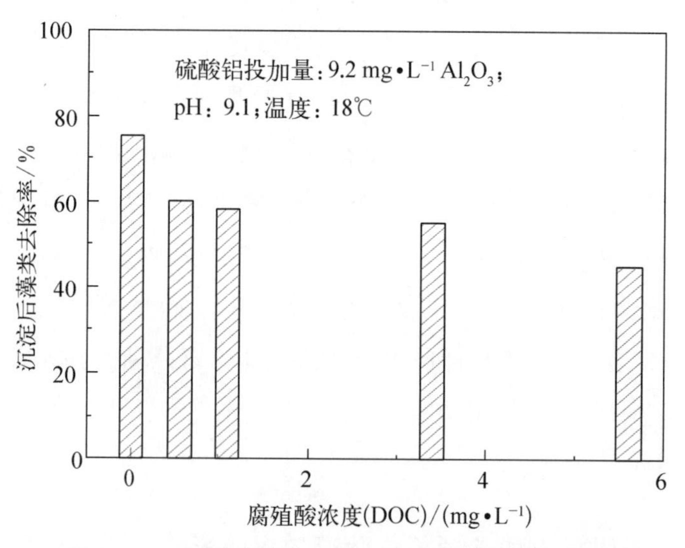

图 5－7　不同浓度的腐殖酸对硫酸铝除藻效果的影响

观察混凝过程中絮体生成情况后发现，有腐殖酸存在的含藻水，投入混凝剂后絮体细小，形成缓慢且不易长大，这说明水中的腐殖酸阻碍了藻类细胞的混凝。腐殖酸对混凝除藻的阻碍作用可能是因为腐殖酸使水中负电荷密度增加，混凝剂需要中和

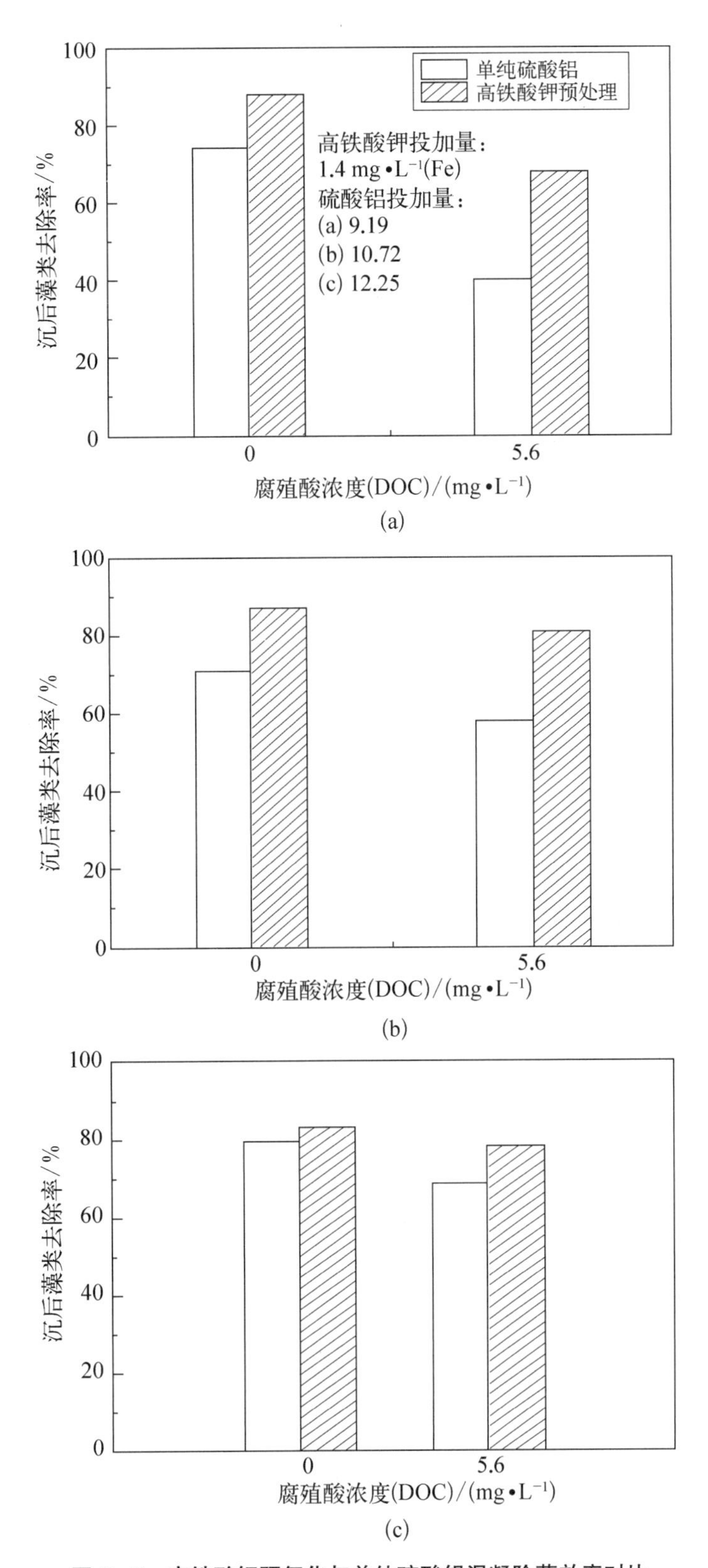

图 5－8　高铁酸钾预氧化与单纯硫酸铝混凝除藻效率对比

腐殖酸的表面电荷，然后才表现出混凝作用；或者是由于水中的腐殖酸分子中离子化的酚羟基与混凝剂部分水解的铝离子形成可溶的络合物存在于水中，从而降低了混凝效率，增加了混凝剂投加量。

从图 5－8 可以看出，无论水中存在腐殖酸与否，高铁酸钾预氧化处理都优于单纯硫酸铝混凝沉淀处理的除藻率，而水中存在腐殖酸时高铁酸钾预氧化处理的除藻优势更加明显，两者差距远高于水中不存在腐殖酸的情况，尤其在硫酸铝的投加量较低时(图 5－8a)。随着硫酸铝投加量增加，高铁酸钾预处理的除藻优势减小。

硫酸铝投加量为 9.2 mg・L^{-1}(以 Al_2O_3 计)时，高铁酸钾预氧化处理的沉淀后余藻量(66%)相当于单纯硫酸铝 12.3 mg・L^{-1}(以 Al_2O_3 计)混凝处理后的除藻水平(70%)。可见为达到同样的除藻效果，高铁酸钾预氧化处理可以大大降低混凝剂投加量。

图 5－9 为高铁酸钾预氧化除藻效率随水中腐殖酸浓度(DOC 含量：0.56～5.60 mg・L^{-1})的变化规律，并与单纯硫酸铝除藻作用进行对比。可以看出，单纯硫酸铝混凝、沉淀的除藻效果受腐殖酸的影响较大，硫酸铝(Al_2O_3 的质量分数约为16%)投加量为 9.2 mg・L^{-1}(以 Al_2O_3 计)时，低浓度的腐殖酸(DOC 为 0.56 mg・L^{-1})即可使其除藻率迅速下降，腐殖酸浓度增加，除藻效率继续下降；低投加量高铁酸钾(含铁为 0.28 mg・L^{-1}、0.85 mg・L^{-1})除藻效率受腐殖酸的影响也很大，高铁酸钾投加量为 1.4 mg・L^{-1}(以 Fe 计)时，腐殖酸对除藻的阻碍作用变得不明显，除藻率曲线随腐殖酸浓度增加下降缓慢。增加硫酸铝投加量，低投加量高铁酸钾预氧化的除藻效率曲线也变得较平缓(图 5－9b、5－9c)。在试验所选的硫酸铝投加量及腐殖酸浓度范围内，高铁酸钾预氧化处理表现出良好的抵消腐殖酸阻碍混凝除藻的作用，这也是高铁酸钾预氧化具有良好除藻作用的重要原因之一。

高铁酸钾预氧化可以消除腐殖酸对混凝除藻的阻碍作用，可能原因有以下几点：① 高铁酸钾氧化破坏了腐殖酸的能与 PAC 发生络合反应的集团，减少了腐殖酸与PAC 的络合；② 高铁酸钾氧化破坏了藻细胞，是藻细胞失稳，致使胞内一些大分子有机物释放，这些有机物在混凝过程中充当助凝剂的作用，提高了混凝效率；③ 高铁酸钾在被还原过程中形成一系列化合物，这些化合物含有铁元素的不同价态，如 Fe^{5+}、Fe^{4+}、Fe^{3+} 等，具有絮凝吸附活性能，在下沉过程中将一些有机物(包括腐殖酸)通过吸附絮凝沉降去除，从而减弱腐殖酸对混凝的干扰，或者高铁酸钾的带正电荷的还原产物能够中和腐殖酸表面的负电荷，降低腐殖酸的表面电荷密度，从而减少了腐殖酸

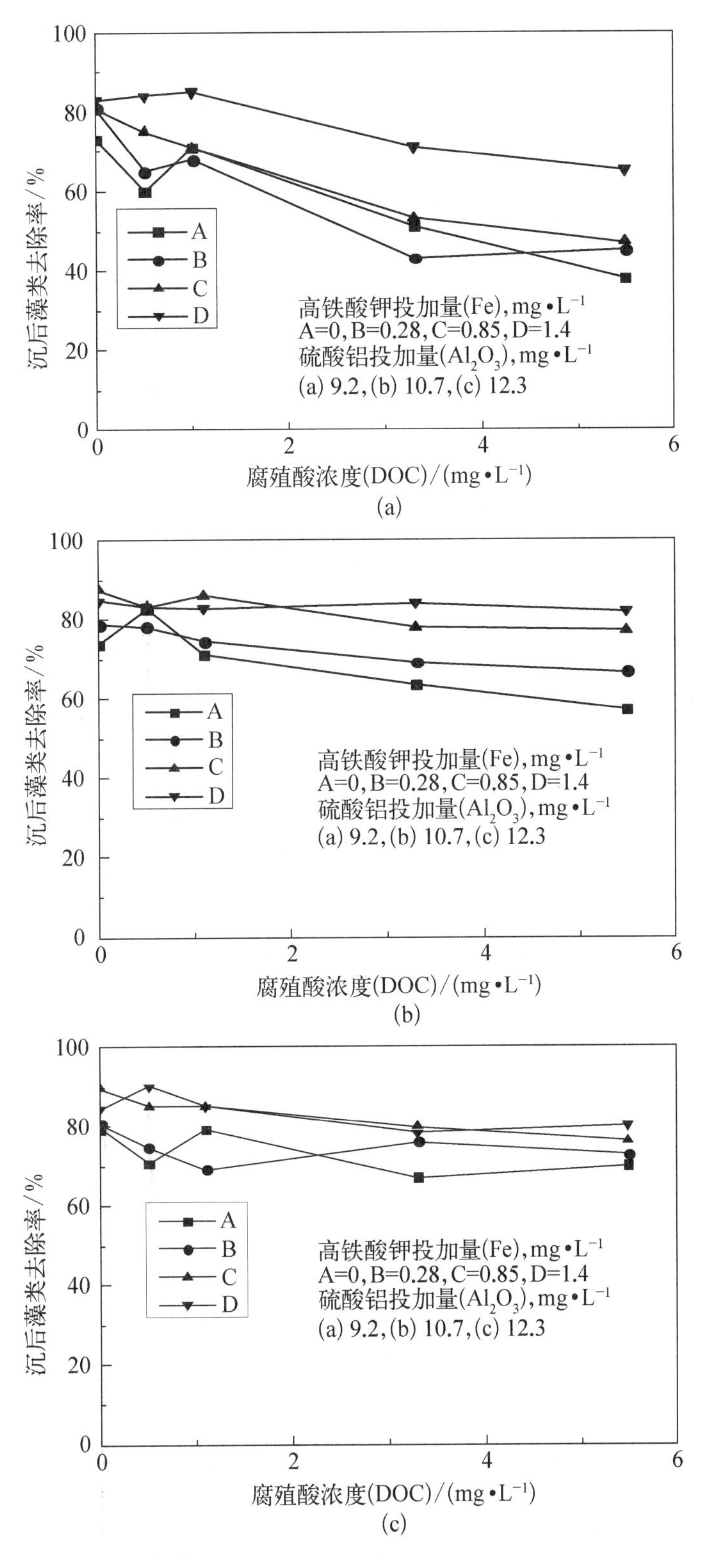

图 5-9　不同浓度的腐殖酸对高铁酸钾预氧化除藻效率的影响

与 PAC 的反应;④ 另一方面高铁酸钾的氧化还原产物增加了水中颗粒物质的浓度,有利于混凝的进行。

5.3.2.2　pH 对高铁酸钾预氧化除藻的影响

pH 是水体的一项重要指标,因为它影响水体的浊度、藻类氧化还原电位,甚至决定混凝剂的水解速率及其水解产物的种类和电荷。因此,简单来说,pH 影响水体的性质,决定了混凝的机理。溶液 pH 对高铁酸钾的氧化还原电位影响很大,高铁酸钾在碱性环境下的氧化还原电位是 0.72 V,酸性状态下是 2.20 V,并且水中 H^+ 浓度对高铁酸钾的稳定性有很大的影响。酸性条件下,H^+ 可以促进高铁酸钾的分解,高铁酸钾稳定性差,酸性越强其分解速率越大越不稳定;碱性条件下,高铁酸根的稳定性很好,能够保证高铁酸钾与目标氧化物的充分接触时间,但是高铁酸根的氧化能力大大减弱。另外,高铁酸钾的氧化还原产物 Fe(III)是潜在的混凝剂,能够吸附有机污染物质从水中沉淀去除,Fe(III)的组成及性能也受 pH 的影响。有研究指出,当 pH>10 时,高铁酸钾的还原路径发生了变化,生成了更多阴离子化合物[如 $Fe(OH)_4^-$ 和 $Fe(OH)_6^{3-}$,]而不是 $Fe(OH)_3$。因此研究 pH 对高铁酸钾预氧化效果的影响是非常重要的。

取处于对数期的铜绿微囊藻溶液,用去离子水稀释至浊度为 11.17 NTU,分别加入 5 只烧杯中,置于六联搅拌器上,用盐酸和氢氧化钠溶液调节 pH 分别为 4、5.5、7、8.5、9.5,同时加入 10 $mg \cdot L^{-1}$ 高铁酸钾于 200 $r \cdot min^{-1}$ 的转速下快搅 10 min,再投加 PAC 至 4.38 $mg \cdot L^{-1}$ 在 180 $r \cdot min^{-1}$、60 $r \cdot min^{-1}$、30 $r \cdot min^{-1}$ 条件下分别搅拌 2 min、6 min、9 min,沉淀 30 min 后于水平面 2 cm 处取样测定分析。含藻水初始叶绿素 a 浓度为 125.58 $\mu g \cdot L^{-1}$,保持水温为(20±0.5)℃。试验结果如图 5-10 所示。

如图 5-10 所示,随着水体 pH 的增大,除藻、除浊效果变差,pH 从 4 升高到 8.5 时,浊度和叶绿素 a 去除率分别从 93.29%和 92.75%下降到 84.51%和 89.13%,下降幅度并不明显,但是当 pH 继续下降到 9.5 时,浊度和叶绿素 a 去除率急剧下降到 3.31%和 9.42%。从图 5-10 也可以看出,UV_{254} 去除率随 pH 的升高而下降,可见 pH 对混凝效果影响很大。

产生这种情况的原因可能是高铁酸钾在酸性条件下的氧化还原电位(2.20 V)显著高于其在碱性条件下的氧化还原电位(0.72 V),正如前面所述,高铁酸钾在碱性条件下稳定性好,可以保证高铁酸钾与目标氧化物有足够的氧化接触时间,但是,从试验效果可见,接触时间对氧化效果的影响不如氧化还原电位显著,这种现象充分证明

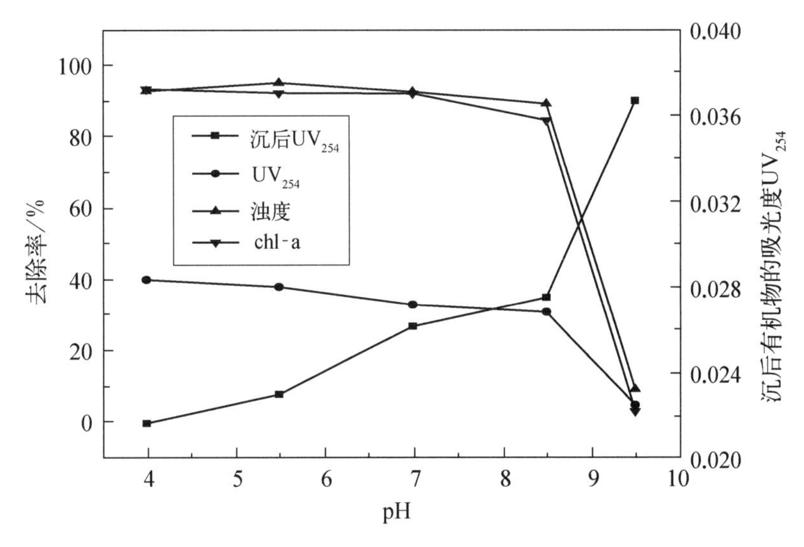

图 5-10　pH 对高铁酸盐预氧化除藻效能的影响

了高铁酸钾氧化反应速度较快，受氧化接触时间影响较小。并且当 pH>10 时，高铁酸钾通过另一条途径形成带负电荷的还原产物，如 $Fe(OH)_4^-$ 和 $Fe(OH)_6^{3-}$，而不是 $Fe(OH)_3$，这些带负电荷的物质并没有助凝的作用，还阻碍混凝。产生这种现象的原因也与藻类的电荷密度和 ζ 电位有关，因为藻细胞在酸性条件下氧化还原电位和电荷密度最小，更易于混凝沉淀。

第6章　高铁酸盐去除水中重金属的研究

水环境中的重金属污染是指排入水体的重金属物质超出水体的自净能力，使水的组成及其性质发生变化，从而使水环境中生物生长条件恶化，并使人类生活和健康受到不良影响的现象。环境污染方面的重金属主要是指生物毒性显著的汞、镉、铅、铬以及类金属砷，还包括具有毒性的重金属锌、铜、钴、镍、锡、钒等。重金属污染具有易被生物富集、生物放大效应、毒性大等特点，不仅污染了水环境，也严重危害了人类及各类生物的生存。重金属主要通过电镀厂镀件洗涤水、矿山坑道废水、废石场淋浸水、有色金属冶炼厂除尘废水、有色金属加工厂酸洗废水、钢铁厂酸洗废水的排放以及电解、农药、医药、油漆、烟草、染料等各种生产加工场的废物弃置进入水体，致使水体中重金属含量较高，而电镀是重金属废水的主要来源。重金属进入水体后不能被生物降解为无害物。大多数的金属离子及其化合物易于被水中悬浮颗粒所吸附而沉淀于水底的沉积层中，长期污染水体。部分重金属及其化合物能在鱼类及其他水生生物体内以及农作物组织内富集、累积并参与生物圈循环。人通过饮水及食物链的作用，使重金属在体内富集而中毒，甚至导致死亡。

重金属污染具有以下特征：

(1) 在迁移转化过程中可能会增强毒性。某些重金属虽然浓度很小，但可在微生物作用下，转化为毒性更强的有机化合物。如无机汞在天然水体中可被微生物转化为毒性更强的甲基汞。

(2) 具有生物富集性，这是重金属污染的突出特点。有的重金属富集倍数可达成千上万。经生物大量富集，继而通过食物链在人体器官中积累造成慢性中毒，严重危害人体健康。

(3) 难降解性和长期毒害性。无论采用何种处理方法，都不能有效地降解重金属，只不过改变其化合价和化合物种类，重金属污染具有长期持续的毒害作用。如与阴离子配体形成配合物或螯合物，使重金属在水中的浓度增大，也可以使沉入水底中的重金属又释放出来。

(4) 微量浓度即可产生毒性反应。通常,重金属产生毒性的范围大约在1.0～10 mg・L^{-1}之间,部分毒性较强的重金属如镉、汞等在0.001～0.1 mg・L^{-1}范围内即可产生毒性反应。因此,必须严格控制重金属污染。

(5) 浓度受环境影响显著。重金属在水中的浓度随水温、pH等不同而发生变化。冬季水温低,重金属盐类在水中溶解度小,水体底部沉积量大,水中浓度小;夏季水温升高,重金属盐类溶解度大,水中浓度高。

重金属污染的固有特性和在水体中的迁移转化规律,使其难以被降解去除,而只能转移其存在位置,改变其物理和化学形态。因此,治理重金属污染必须采取多方面的综合性措施。首先,最根本的是改革生产工艺,减少重金属的用量;其次是采用合理的工艺流程以及科学的管理和操作,尽量减少外排废水量;最后,采取适当的处理方法实行就地处理,避免重金属污染复杂化和扩大化。

纵观近年来水中重金属的处理情况,传统方法主要有化学处理法和物理化学处理法,生物处理法是处理水中重金属的发展方向。化学处理法主要包括混凝法、氧化还原法、电解法、气浮法、中和沉淀法和化学沉淀法等。这类方法设备简单、操作方便,适用于处理浓度高、水量大的重金属废水,但费用高、产污泥量大,若污泥不加以综合利用,会造成二次污染。物理化学处理法包括吸附法、离子交换法、溶剂萃取法、膜分离法等。这类方法操作相对复杂、费用较高,适用于处理小水量的重金属废水,二次污染小。生物处理法作为水处理重金属的发展方向,近年来的研究成果主要有生物吸附、生物絮凝、生物转化等方法,这类方法以其经济、高效、环保的优势应用前景广阔,具有出水水质好、可同时处理多种重金属、运行费用低、无二次污染等优点,但也存在对吸附剂要求严格、操作条件苛刻等问题,从而限制了其大规模应用,还需进一步探索和研究。

高铁酸盐作为一种环境友好型高效水处理剂,集氧化、杀菌、吸附、絮凝助凝、脱色除臭等功能于一体,且消毒过程不会产生二次污染和其他毒副作用,近年来备受关注。高铁酸钾对水体中的重金属离子有很强的去除能力,对Pb^{2+}、Cd^{2+}、Cr^{6+}、Hg^{2+}等重金属离子及放射性核素等有吸附、沉降作用,能使水中的钚和镅达到放射性物质残留标准。高铁酸钾去除重金属离子有以下两种:一种方式是单纯投加高铁酸盐,利用其氧化絮凝双重功能去除水体中的重金属离子;另一种方式是预投加高铁酸盐,预氧化一段时间,再投加常规混凝剂,以加强常规混凝剂的作用或减少常规混凝剂的用量,达到经济、有效地去除重金属的目的。

6.1 高铁酸盐处理微污染水中的重金属

6.1.1 处理微污染水中的汞

沈平等通过静态实验研究了高铁酸钾及其与粉末活性炭、混凝剂联用对水体中微量汞的去除效果。结果发现，高铁酸钾在较小的投加量 4 mg・L^{-1} 时，即可达到较好的除汞效果，随着投加量的增加，去除率增长缓慢。实验中考虑活性炭与混凝剂联用，两者投加量均为 15 mg・L^{-1}，结果表明两者联用的除汞率明显优于单投高铁酸钾。如图 6－1 所示，活性炭、高铁酸钾、聚合氯化铝(PAC)组合的除汞效果最佳，去除率可达 75%以上。此外，考察混凝效果对高铁酸钾除汞效果的影响。单投聚合氯化铝(投加量为 15 mg・L^{-1})，汞的去除效率为 40%左右。而高铁酸钾预氧化对去除水中的汞有明显的去除作用，少量的高铁酸钾即可大大提高汞的去除率。高铁酸钾对汞的去除效果随着硫酸铝投加量的增加而增强，说明高铁酸钾预处理后仍需要一定的混凝效果才能达到有效除汞的目的，但是混凝剂在较低的投加量时即可以协同高铁酸钾达到较高的除汞效果。pH 不仅会影响聚合氯化铝和高铁酸钾的水解程度，而且也会影响汞在水体中的存在形态。实验考察了 pH 对高铁酸钾去除重金属效能的影响。单投 PAC 的除汞效果受 pH 影响很小。投入高铁酸钾以后，pH 对高铁酸钾与 PAC 结合除汞效果的影响很大。并且高铁酸钾在整个范围内都有优于单投聚合氯化铝的去除效果。单投聚合氯化铝对水中汞的去除效果同样随着 pH 的升高

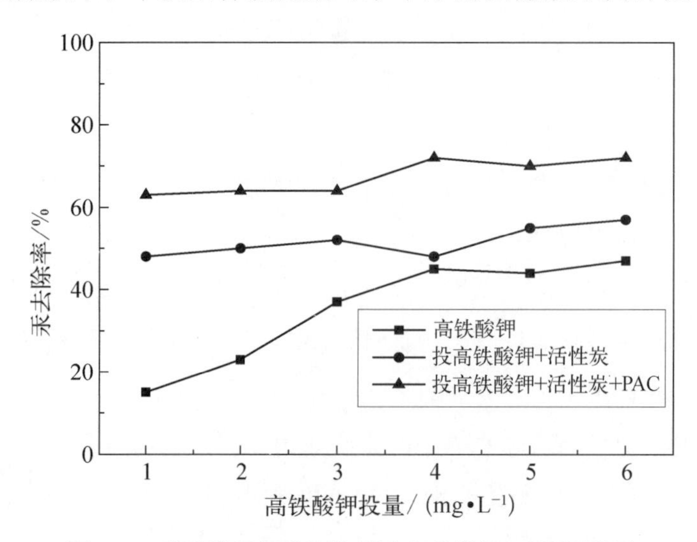

图 6－1　高铁酸钾与活性炭、聚合氯化铝(PAC)联用效果

而增强，但去除效果升高的速度缓慢，由于汞的去除率随着高铁酸钾投加量的增加而提高，因此，在水处理中增加高铁酸钾投加量有望将水体含汞量控制在较低的范围内。

6.1.2　处理微污染水中的锰

纪琼驰模拟水样的除锰实验表明，高铁酸钾单独作用对锰的平均去除率可达到80%以上，比同剂量的 PAC 或聚合硫酸铁(Polyferric sulfate, PFS)单独作用的除锰效果好很多。温度和反应时间对高铁酸钾除锰效果影响不明显，水样 pH 在 8 以上都可达到较好的效果。高铁酸钾预氧化-PAC/PFS 混凝实验结果表明，高铁酸钾的加入，不仅提高了锰的去除率，还在很大程度上降低了 PAC、PFS 的投加量。此外，考察了高铁酸钾对南京地区几种典型的地表水原水的处理效果。结果表明，高铁酸钾预氧化 PAC 强化混凝工艺对原水的浊度和锰有很好的去除效果；低投加量的高铁酸钾并未表现出较好的高锰酸盐指数(COD_{Mn})去除效果，去除率只有 30%～40%。

白晓峰通过不同反应条件下 K_2FeO_4 氧化除 Mn(II)的实验，发现当[K_2FeO_4]/[Mn]=2∶3，pH=8.1，温度为 25 ℃时，达到最优除锰效果，此时溶液中锰含量仅为 0.02 mg·L^{-1}，Mn(II)去除率达到 89.23%，如图 6-2 所示。而在有 Na_2SO_3、$NaNO_2$ 存在的高铁酸钾除 Mn(II)实验中，发现 SO_3^{2-} 能够提升高铁酸钾的除 Mn(II)能力。通过添加叔丁醇(tert-butyl alcohol, TBA)、乙醇(EtOH)等自由基抑制剂，证明除 Mn(II)效果的提升是因为产生了 SO_4^-·及·OH 自由基。为探究

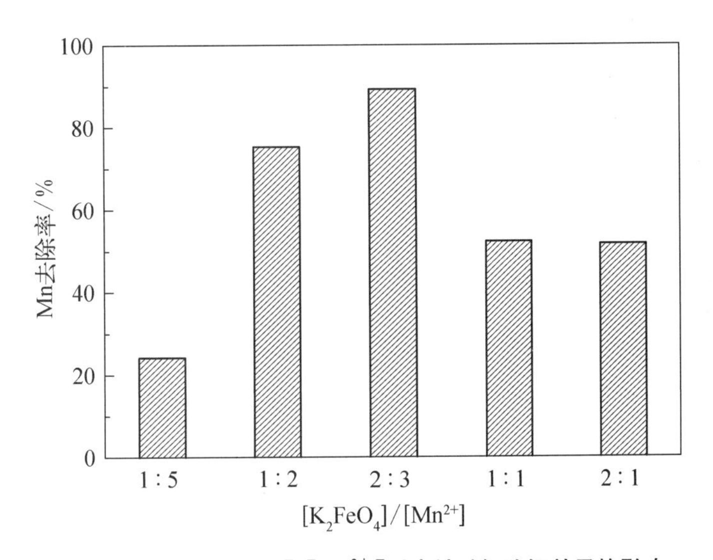

图 6-2　不同[K_2FeO_4]/[Mn^{2+}]对高铁酸钾除锰效果的影响

NOM(Nature Organic Matter)在 K_2FeO_4/Mn(II)体系中的作用，在不同水体的高铁酸钾氧化除 Mn(II)实验中，发现富里酸并不会提高 K_2FeO_4 对 Mn(II)的去除效果，而天然水体中 Mn(II)去除率却有了明显的提升(约 10%)。分析原因：一方面，腐殖酸(Humic Acid, HA)与富里酸(Fulvic Acid, FA)在结构和组成上多有不同，这可能使两者在与高铁酸钾反应上表现出相反的特性，从而能促进高铁酸钾对 Mn(II)的氧化。另一方面，天然水体中存在很多的还原性物质，能与 K_2FeO_4 反应产生中间活性组分，从而提高了溶液中 Mn(II)的去除率。

6.2 高铁酸盐处理废水中的重金属

6.2.1 处理废水中的铅

传统处理废水中 Pb^{2+} 的方法是化学沉淀法，这种方法的缺点是对 pH 的要求较高，如果碱性太强，$Pb(OH)_2$ 就会出现反溶现象，致使去除率下降。

毕冬勤等采用分光光度法考察投药量、pH、反应时间等因素对 K_2FeO_4 去除废水中 Pb^{2+} 效能的影响规律，结果如图 6-3 和图 6-4 所示。随着投药量的增加，Pb^{2+} 去除率整体上呈上升趋势；当投药量增加到 40 mg・L^{-1} 时，其去除率可达到 96.7%；之后继续增加投加量，Pb^{2+} 的去除率基本不变。随着 K_2FeO_4 投加量的增加，K_2FeO_4 还原生成的 $Fe(OH)_3$ 可更好地将 Pb^{2+} 氧化或絮凝除去。此外，pH 在 3～8 的范围内时，随着溶液 pH 的升高，铅去除率迅速升高。分析原因可能为：在强

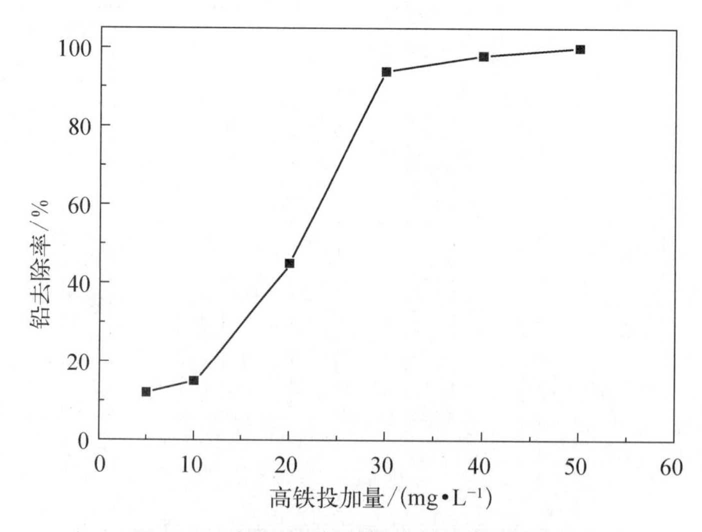

图 6-3 高铁酸钾投加量对铅去除率的影响

酸性条件下，Pb^{2+} 比较稳定，不易被氧化，而 K_2FeO_4 的还原产物——Fe^{3+} 的絮凝作用又较弱，所以去除率比较低。在弱酸性和碱性条件下，Pb^{2+} 被氧化成 PbO_2 沉淀的量和 K_2FeO_4 的还原生成的 $Fe(OH)_3$ 的量都逐渐增多，所以去除率随着 pH 的升高而增大。在 pH>8 的范围内，随着 pH 的升高，K_2FeO_4 的稳定性逐渐增强，还原产生的 $Fe(OH)_3$ 的量逐渐变少，所以去除率与 pH<8 相比有所下降。在 pH=10 时，去除率达到了碱性条件下的最小值，这应该是与 K_2FeO_4 在此条件下的良好的稳定性有关。由图 6-4 所知，搅拌 30 min 和 24 h 后，Pb^{2+} 的去除率差别不是很大，这说明 K_2FeO_4 在很短的时间内就能对其达到良好的去除，随着搅拌时间的延长，K_2FeO_4 还原产生的 Fe(III)可更好地将 Pb^{2+} 氧化或絮凝除去。

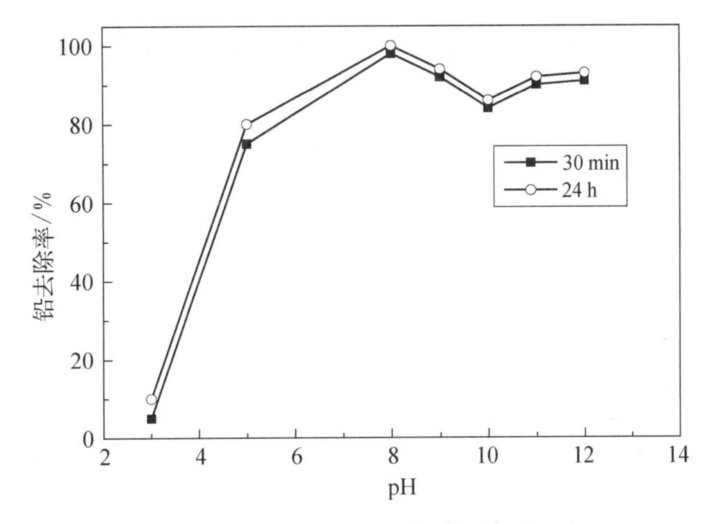

图 6-4　pH 对高铁酸钾去除铅效率的影响

王颖馨等研究了高铁酸钾去除废水中 Pb^{2+} 的去除效能。不同质量浓度的 K_2FeO_4 于不同的 pH 条件下，处理含 2 mg・L^{-1} 的 Pb^{2+} 水样，结果如图 6-6 和图 6-7 所示。结果发现 K_2FeO_4 对 Pb^{2+} 有较强的去除效果，质量浓度为 4 mg・L^{-1} 的 K_2FeO_4 可去除 94.13%的铅；当 K_2FeO_4 质量浓度为 8 mg・L^{-1} 时，铅的去除率就已经达到了 97.34%，铅质量浓度低于 10 μg・L^{-1}，达到国家《生活饮用水卫生标准》(GB5749—2006)一类水质标准，继续增加 K_2FeO_4 投加量则对铅的去除率无明显影响。新生态的 Fe^{3+} 具有更大的吸附容量，投加少量 K_2FeO_4 即可达到良好的铅吸附效果，这与 Murmann 等发现的在 pH=6 的条件下，20～100 mg・L^{-1} 的高铁酸盐可使水中 Pb^{2+} 质量浓度由 4.8 mg・L^{-1} 降低至 0.1 mg・L^{-1} 一致。铅在天然水体中以多种形态存在，水体 pH 直接影响水中铅的形态及其在水中的吸附行为，在探究

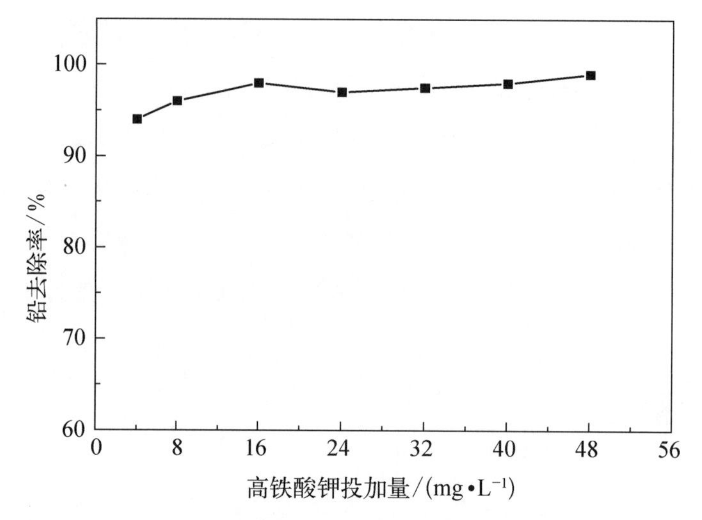

图 6-6　高铁酸钾投加量对铅去除率的影响

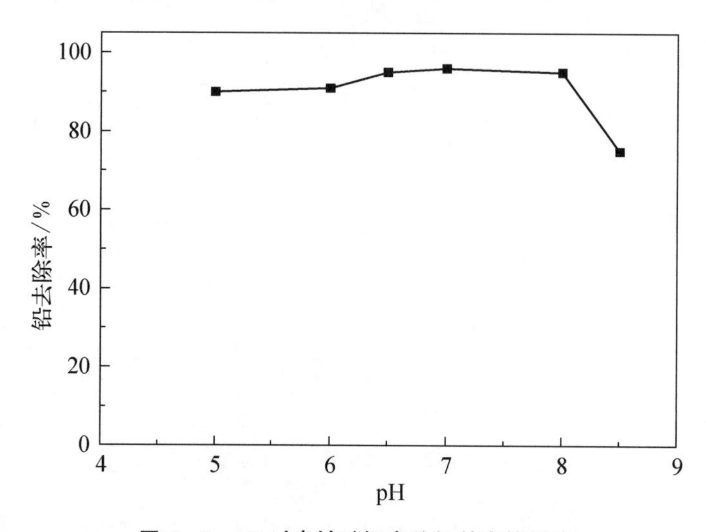

图 6-7　pH 对高铁酸钾去除铅效率的影响

pH 对 K_2FeO_4 处理水中 Pb^{2+} 影响时，设定模拟废水含 Pb(II)质量浓度为 2 mg・L^{-1}，K_2FeO_4 质量浓度为 16 mg・L^{-1}，在酸性条件下，K_2FeO_4 分子由于质子化作用发生结构重整，在分子内发生氧化还原反应并瞬间完成，最终 K_2FeO_4 在水中分解转化为 Fe^{3+}。利用 Visual MINTEQ 软件计算和模拟平衡状态下溶液中 Pb^{2+} 化学形态，当 pH$<$5 时，铅几乎全以 Pb^{2+} 形式存在；随 pH 上升，Pb^{2+} 与水分子结合为 $Pb(OH)^+$，而高铁酸钾分解产物表面所带正电荷减少，导致两者间的静电斥力减弱，有利于吸附的发生。而在碱性环境中 K_2FeO_4 分解产物的表面转变为带负电，假若分解产物对铅的吸附以静电作用力为主，高 pH 下的 $Fe(OH)_3$ 应易于与带正电的

$Pb(OH)^+$结合。然而实验表明，提高 pH 并没有提高吸附的效率，说明对铅的吸附并不完全是依赖静电作用力，而是 Pb^{2+} 和铁氧化物表面的羟基配位，以化学键的形式形成了内层单齿或双齿络合物。

秦海利研究了高铁酸钾对 Pb^{2+}(50 mg・L^{-1})的絮凝效果，考察了高铁酸钾加入量、溶液 pH、温度、离子的初始浓度、反应时间等对离子去除率的影响。随着高铁酸钾加入量的不断增多，反应生成越来越多的 $Fe(OH)_3$，这些生成的 $Fe(OH)_3$ 以胶体形式存在于溶液中，对 Pb^{2+} 进行絮凝，使溶液中 Pb^{2+} 的浓度逐渐降低，去除率逐渐升高。随着温度的升高，Pb^{2+} 的去除率呈先升高随后下降的趋势，在温度为 35 ℃时，Pb^{2+} 的去除率最高，为 93.3%。由此可见，适当升温有利于高铁酸钾对 Pb^{2+} 的絮凝。随着溶液 pH 的不断升高，Pb^{2+} 的去除率逐渐升高。由于 FeO_4^{2-} 在酸性条件下极不稳定，短时间分解生成大量的 Fe^{3+} 以离子形态存在于溶液中，对溶液中 Pb^{2+} 产生絮凝作用较弱，因此去除率偏低；随着溶液 pH 的升高，越来越多的 $Fe(OH)_3$ 以胶体的形式存在，对 Pb^{2+} 的絮凝作用也逐渐增强。随着反应时间的增加，Pb^{2+} 去除率逐渐增加。高铁酸钾对 Pb^{2+} 的絮凝效果在高铁酸钾加入量为 0.025 g，温度为 35 ℃，pH=5.991，Pb^{2+} 初始浓度为 10 mg・L^{-1}，絮凝时间为 25 min 时最佳，去除率最高达到 97.6%。

此外，将洗涤前后的沉淀放入 X 射线能谱仪进行 EDS 能谱分析发现，洗涤前后 Pb 元素均匀地分布在沉淀表面。由此可见，生成的 $Fe(OH)_3$ 对溶液中 Pb^{2+} 的絮凝效果较好，Pb 元素能够均匀地分布在沉淀表面。对沉淀中元素的相对含量进行检测分析，结果发现沉淀经过洗涤，两种元素的相对含量均有减少；对比洗涤前后 Pb 元素与 Fe 元素相对含量比可知，比 Fe 元素更多的 Pb 元素经过洗涤回到洗涤液中。由此推断，絮凝过程中越来越多的 Pb 元素包覆在还原产生的 $Fe(OH)_3$ 表面形成沉淀；经过洗涤，表面的一部分 Pb 元素和 Fe 元素进入到洗涤液中，两种元素相对含量均有下降，说明 Pb 有部分被洗掉。

6.2.2　处理废水中的汞

毕冬勤等采用分光光度法考察投药量、pH、反应时间等因素对 K_2FeO_4 去除废水中 Hg^{2+} 效能的影响规律，结果如图 6-8 和图 6-9 所示。结果发现随着投药量的增加，去除率整体上呈上升趋势，对于 Hg^{2+}，投药量增加到 50 mg・L^{-1} 时，其去除率可达到 84.3%；之后继续增加投药量，Hg^{2+} 去除率基本不变。实验结果说明，随着

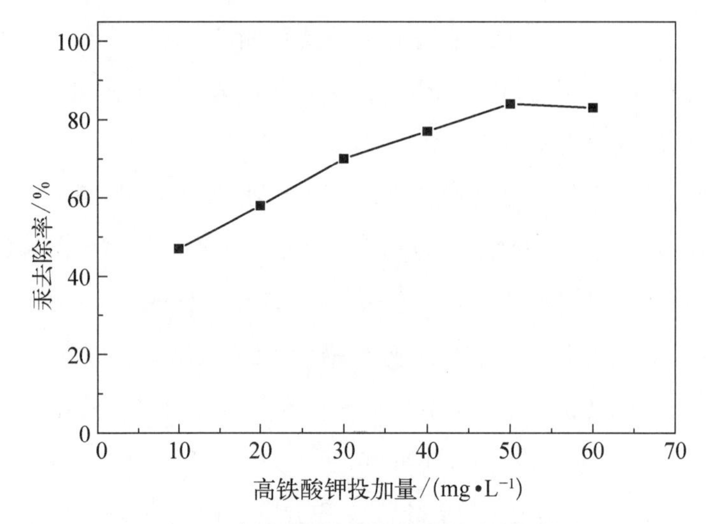

图 6-8 高铁酸钾投加量对汞去除率的影响

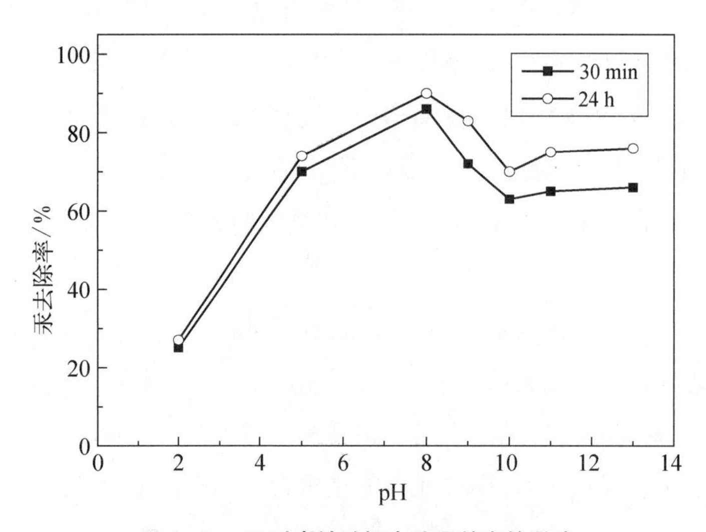

图 6-9 pH 对高铁酸钾去除汞效率的影响

K_2FeO_4 投加量的增加，K_2FeO_4 还原生成的 $Fe(OH)_3$ 可更好地将 Hg^{2+} 氧化或絮凝除去。考察不同的 pH 条件下 Hg^{2+} 的去除率发现，Hg^{2+} 的去除情况与 Pb^{2+} 的类似。不同的是在强酸性条件下，汞的去除率比铅的略高。原因如下：在强酸性的条件下，两者的去除都是依靠 K_2FeO_4 还原产生的 Fe^{3+} 的絮凝作用；而 K_2FeO_4 对不同金属离子的絮凝作用是有差别的。一般来说，K_2FeO_4 对易水解的离子的吸附效能较好。而由于 Hg^{2+} 比 Pb^{2+} 更易水解，所以 K_2FeO_4 对 Hg^{2+} 的吸附效能明显优于对 Pb^{2+} 的吸附，反应在去除率上，即汞的去除率偏高。但是随着碱性的增强，Pb^{2+} 就更容易被氧化成 PbO_2 沉淀，铅的去除就依靠 K_2FeO_4 的氧化和絮凝的双重作用。而对于

Hg^{2+}而言，它的最外层电子构型是 d10，很难再失去电子，所以就不会被 K_2FeO_4 氧化，它的去除还是仅仅依靠 K_2FeO_4 的絮凝作用，所以去除率就比铅的低。此外，为了使 Hg^{2+}的去除率得到提高，亦考察了用硫酸铝、K_2FeO_4 以及它们的混合物分别作为汞的去除剂的去除效果。结果发现：与单独使用其中任一者相比较，两者的联合使用能达到较好的去除效果。在 pH＝8、m(高铁酸盐)∶m(硫酸铝)＝1∶2 时，Hg^{2+}的去除率在 0.5 h 内就达到了 90.3%，这可能是因为 K_2FeO_4 除了具有絮凝作用外，还有良好的助凝作用。这种助凝作用可能体现在以下几个方面：K_2FeO_4 的强氧化作用破坏了水中胶体颗粒表面的保护层，使之易于脱稳凝聚；K_2FeO_4 在还原的过程中有可能形成一系列带高价正电荷的水解产物，通过电中和作用使水中胶体脱稳。最终形成的 $Fe(OH)_3$ 胶体颗粒具有较高的吸附活性，可以吸附细小的胶体颗粒或者絮体，增加了絮体的沉速。

6.2.3　处理废水中的砷

对于三价含砷废水，当 pH＜9.5 时，处于非离子状态，As(III)表现出电中性。而絮凝、沉淀、吸附等对 As(V)脱除是很有效的方法，而对 As(III)却收效甚微，鉴于现在没有一种直接脱除 As 的简单可行的方法，氧化过程便成了其去除的前提。传统工艺中使用次氯酸盐和双氧水作为氧化剂，氧化效率可以达到 90%以上，但出水中砷的浓度依然无法达标排放。同时 As(III)比 As(V)的毒性要高出 60 倍，对人体的健康危害极大。因此采用高铁酸钾氧化脱除便成为含砷废水处理的理想途径，在 As(III)氧化成 As(V)的同时，高铁酸钾分解得到 Fe^{3+} 可以与 AsO_4^{3-} 生成 $FeAsO_4$ 沉淀，同时生成的 $Fe(OH)_3$ 沉淀对砷离子也有一定的去除效果。

蒋国民对高铁酸钾直接深度处理高浓度含砷废水进行了研究，利用高铁酸钾氧化-絮凝一体化工艺处理 100 mg・L^{-1} 模拟含砷废水，考察 Fe/As 质量比、pH、反应温度、反应时间等因素对砷去除效果的影响。结果发现，高铁酸钾处理高浓度含砷废水新工艺中 As(III)的氧化和 As(V)沉淀分离，最佳工艺条件为：Fe/As 质量比高于 2.5，pH＝5～7，温度低于 25 ℃，氧化时间 15 min，水解时间 20 min。在上述条件下砷可从 100 mg・L^{-1} 降到低于 10 μg・L^{-1}，达到国家《生活饮用水卫生标准》(GB5749—2006)一类水质标准(10 μg・L^{-1})，为高铁酸钾的应用和含砷废水的有效处理提供了新思路。

此外，如图 6－10 所示，Fe-As-H_2O 系电势－pH 图表明，用铁盐除砷需将 As(III)氧化为＋5 价，砷才能从溶液中以 $FeAsO_4$ 沉淀脱除。FeO_4^{2-}-H_3AsO_3-H_2O

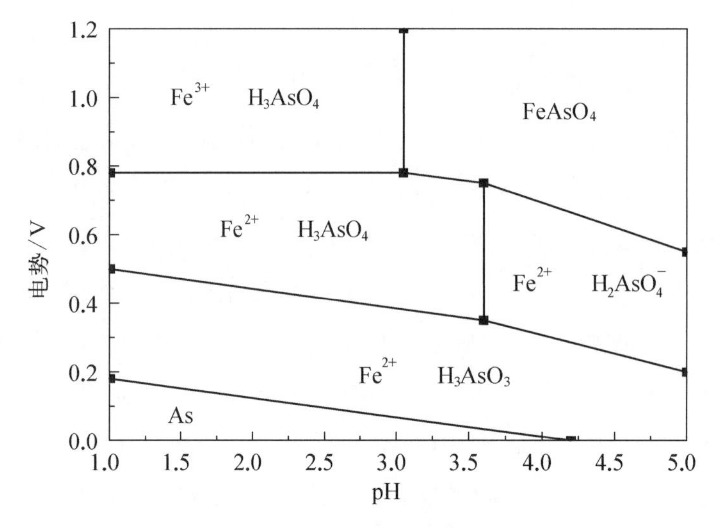

图 6-10 Fe-As-H_2O 系电势-pH 图

系氧化还原平衡方程表明，pH=5～7 时，氧化剂 K_2FeO_4 加入量超过化学计量能使 As(III)完全氧化为 As(V)且以 K_2FeO_4 沉淀，氧化速度快。对 K_2FeO_4 氧化 As(III)热力学原理的探讨及热力学平衡方程式的推导合理解释了脱砷的影响因素，同时提出了 As(III)氧化沉淀机理为氧转移机理。Lee 等在好氧和厌氧条件下，用高铁酸钾氧化 As(III)取得了一致的效果，证明了在高铁酸盐氧化 H_3AsO_3 的过程中，H_3AsO_4 中氧原子不是来自溶解氧，而是来自 K_2FeO_4 转移的氧。基于其研究结果推测高铁酸盐氧化 As(III)的反应机理——氧转移机理为：

$$2HFe(VI)O_4^- + 2H_3AsO_3 = 2HO_3Fe\text{-}O\text{-}AsO_3H_3^- \tag{6.1}$$

$$2HO_3Fe\text{-}O\text{-}AsO_3H_3^- \longrightarrow 2Fe(VI) + 2H_3AsO_4^{2-} \tag{6.2}$$

$$Fe(VI) + H_3AsO_3 \longrightarrow Fe(II) + H_3AsO_4^{2-} \tag{6.3}$$

$$Fe(VI) + Fe(II) \longrightarrow Fe(III) \tag{6.4}$$

总反应：

$$2HFeO_4^- + 3H_3AsO_3 = 2Fe(III) + H_3AsO_4^{2-} \tag{6.5}$$

方程(6.2)为诱导反应，经历了一个中间氧化还原过程，生成了中间产物 $HO_3Fe\text{-}O\text{-}AsO_3H_3^-$，表明 As(III)的氧化通过 $HFeO_4^-$ 的氧转移形成 As(V)来完成。FeO_4^{2-} 氧化 H_3AsO_3 的终产物为 Fe^{3+}，Fe^{3+} 有较高的正电荷，有较大的电荷半径，易发生水解，水解平衡反应如下：

$$Fe^{3+} + 3H_2O \longrightarrow Fe(OH)_3 \downarrow + 3H^+ \tag{6.6}$$

同时 Fe^{3+} 最重要的作用就是生成砷酸铁：

$$AsO_4^{3-} + Fe^{3+} \longrightarrow FeAsO_4 \downarrow \tag{6.7}$$

方程(6.7)的反应吉布斯自由能为

$$\Delta_r G_m^{\ominus} = -746.0 + 638.4 - 10.79 = -136.4(kJ/mol) \tag{6.8}$$

表明该沉淀反应能发生，从而达到有效去除水中砷化物的目的。

王颖馨等研究了高铁酸钾去除废水中 As(III)的去除效能。不同质量浓度 K_2FeO_4 处理含 2 mg · L^{-1} 的 As(III)水样，调节 pH 至 6.5。K_2FeO_4 投加量为 8 mg · L^{-1} 时，除砷率仅为 15.70%，随着投加量增大，除砷速度先快后慢，K_2FeO_4 投加量为 32 mg · L^{-1}，除砷率可达到 99.51%，溶液中砷质量浓度为 9.8 μg · L^{-1}，符合《生活饮用水卫生标准》(GB5749—2006)一类水质标准；若继续增大投加量，对除砷率影响相对较小。若单纯考虑除砷效果，32 mg · L^{-1} 的高铁酸钾为最佳投加量，此时铁砷质量浓度比为 16∶1，而传统的三氯化铁絮凝剂除砷，两者比值达 100 以上，显示出高铁酸钾优良的絮凝特性。在 25 ℃，pH=5.8～7.0 时，高铁酸钾的分解速率方程为：$d[Fe(III)]/dt = k[FeO_4^{2-}]^2$，pH=5.8、6.5、7.0 的反应速率常数分别是 8.94×10^3、5.16×10^3、1.50×10^3 s^{-1}。因此，实验中发现 pH=6.5 时，高铁酸钾瞬时分解成三价铁，进而考察分解产物对 As(III)去除效果，K_2FeO_4 质量浓度为 48 mg · L^{-1} 时，对 As(III)的去除率为 99.90%，这是因为 K_2FeO_4 具备强氧化性，将 As(III)氧化成毒性较小且易吸附的 As(V)(半周期仅为 1 s)；而当高铁酸钾去除氧化性后，分解产物对 As(III)的去除率仅为 51.58%，证实了 K_2FeO_4 具备的氧化性在除砷方面的重要作用，既可以避免絮凝剂预氧化的过程又可以节省成本。pH 影响水中砷的形态分布和高铁酸钾分解产物的带电性质。溶液 pH 对 K_2FeO_4 氧化絮凝去除 As(III)有较大影响。在探究此因素影响时，设定模拟废水 As(III)质量浓度为 2 mg · L^{-1}，K_2FeO_4 质量浓度为 16 mg · L^{-1}。随着溶液 pH 逐渐增大，除砷率呈下降趋势，且在 pH=7 附近有个突降过程。这是因为当 pH<7 时，K_2FeO_4 可以迅速把 As(III)氧化成 As(V)，分解为 Fe^{3+} 并放出 O_2，分解产物表面所带正电荷增多；采用 Visual MINTEQ 拟合 As(V)化学形态可知，在实验 pH 范围内，As(V)主要以氧阴负离子形式存在，这时，以氧阴负离子形式存在的 $H_2AsO_4^-$ 则以表面络合方式吸附到 $Fe(OH)_3$ 颗粒表面；随着 pH 的上升，分解产物表面的可变负电荷增多，此时，$HAsO_4^{2-}$

与吸附剂的静电斥力增大，导致 $Fe(OH)_3$ 颗粒对 As(V)的吸附量与吸附率急剧下降。

苑宝玲等利用高铁酸盐的氧化絮凝双重水处理功能，取代氧化铁盐法，对其氧化除砷效果进行了评价；考察了高铁酸盐除砷的适宜 pH 范围、氧化时间和絮凝时间，定性和定量分析了盐度、硬度等因素对高铁酸盐除砷效果的影响。在 As(III)浓度分别为 1.0 mg・L^{-1} 和 2.0 mg・L^{-1} 的原水中，投加不同量的高铁酸盐进行氧化絮凝，利用其氧化性将 As(III)快速氧化成 As(V)，继而被高铁酸盐产生的还原产物中间价态铁的絮凝吸附除去。实验结果表明，只要投入的高铁与原水中砷的浓度比达到 15∶1，除砷率就可以达到 95%以上，处理后的水样中砷残留量全部达到国家饮用水卫生标准(砷浓度小于 0.05 mg・L^{-1})的要求。在我国饮用高砷水的地区，水中的盐度和硬度也往往较高。该试验分别用添加氯化钠和碳酸钙的方法考察了盐度和硬度对高铁酸盐除砷效率的影响。原溶液含砷量为 1.0 mg・L^{-1}，投加 20 mg・L^{-1} 的高铁酸盐，考察添加不同浓度的 Na^{+}、Ca^{2+} 对去除效果的影响，结果如图 6－11 和图 6－12 所示。盐度和硬度对高铁酸盐的除砷效果基本没有影响；在高盐度、高硬度的含砷水中，高铁酸盐仍能保持其高氧化絮凝作用去除砷。

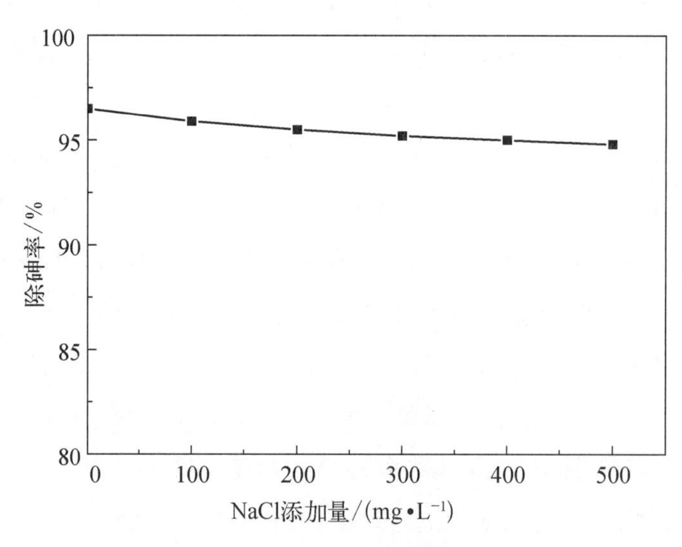

图 6－11　盐度对除砷效果的影响

以 Fe 含量计，考察相同铁含量条件下，高铁氧化絮凝与单纯铁盐絮凝对砷去除效能的对比。处理后水中的砷若要达到国家饮用水标准，要求三氯化铁(Fe^{3+})与砷浓度的比要在 45∶1 以上，是高铁酸根(FeO_4^{2-})与砷浓度比 15∶1 的 3 倍，证实了氧化在高效除砷方面的重要作用；同时高铁酸盐投加量(以铁量计)为 9 mg・L^{-1} 就可达到投加 54 mg・L^{-1} 三氯化铁(以铁量计)的除砷效果。由此可知，高铁酸盐除砷产

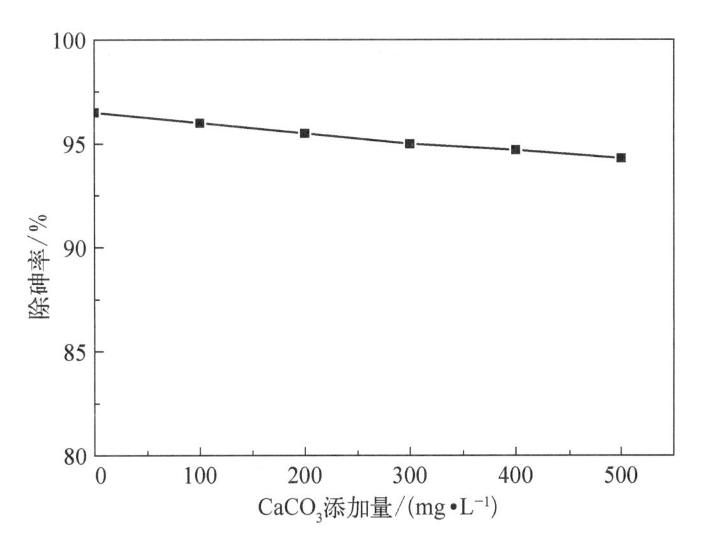

图 6-12　硬度对除砷效果的影响

生的污泥量比铁盐法的少，除砷效果又大大高于铁盐法。

6.2.4　处理废水中的锑

周雪婷等研究以锑为目标污染物，利用高铁酸钾氧化水溶液中的三价锑后，原位生成氢氧化铁胶体，继而吸附废水中的五价锑。K_2FeO_4 分解产物对 Sb 的吸附量随着溶液 pH 的升高而下降，最大吸附量出现在 pH=3.5～4.0 时，此时锑的去除率均在 95%以上。实验投加的 Sb(III)在反应初始阶段很快被 K_2FeO_4 氧化成 Sb(V)，而在实验条件 pH=3.5～7.0 范围内 Sb(V)主要以 $Sb(OH)_6^-$ 形式存在。并且，实验中 pH 始终低于水铁矿的零电点[pH(pHpzc)约为 8.5]，K_2FeO_4 分解产物表面表现正电性，从而有利于 $Sb(OH)_6^-$ 的吸附，随着 pH 的升高，K_2FeO_4 分解产物的表面去质子化，负电荷增加，导致其表面与 $Sb(OH)_6^-$ 的静电斥力逐渐增加，使得 K_2FeO_4 分解产物对锑的吸附量逐步下降。同时，离子强度对锑的吸附影响与 pH 有关。当 pH=3.5～5.5 时，高的离子强度有利于锑的吸附，而在 pH=5.5～7.0 时，锑的吸附量随着离子强度的增加而减少。这表明 K_2FeO_4 分解产物对锑的吸附存在两种表面络合物：内层络合物和外层络合物，这与 Mccomb 等的研究结果一致。在 pH<6.0 时，溶液中的 $Sb(OH)_6^-$ 更容易以低聚合物 $Sb_{12}(OH)_{64}^{4-}$ 的形式存在，使锑更容易被铁氧化物牢牢吸附，形成稳定的内层络合物；当 pH>6.0 时，低聚合物 $Sb_{12}(OH)_{64}^{4-}$ 开始水解，变成容易解吸的单体 $Sb(OH)_6^{4-}$，此时铁氧化物对锑的吸附主要通过静电吸附进行，即形成外层络合物，容易分解吸附。在溶液初始 pH=4.0 和 pH=6.5 下进行了动力学实验，在 pH=6.5 时发生了一定程度的脱附，这与在低 pH 时形成了外层络合物有关。而在 pH=4.0 的条件下，在最初的 10 min 内，Sb 的去除率从 31.06%迅速增至 90.38%，且在前 30 min 内去除率随接触时间的增加迅速增大，而在 30～120 min 范围内，去除率的递增速率变得平缓，已基本达到吸附平衡，因此可以将 120 min 作为 K_2FeO_4 分解产物吸附 Sb 的平衡时间。如表 6-1 和表 6-2 所示，吸附动力学拟合中，以准二级动力学方程拟合得最好(R^2=0.999 1)，表明以化学吸附为主。同时，通过粒子扩散方程得知，K_2FeO_4 分解产物吸附 Sb 时呈现多级线性关系，所有的粒子内扩散速率常数都按照 $k_{t,1}$、$k_{t,2}$、$k_{t,3}$ 的顺序递减。等温吸附拟合，以 Freundlich 模型最优(R^2=0.980 4)，而当使用 Langmuir-Freundlich 模型拟合时最大吸附量的理论值可达到 129.93 mg·g^{-1}，如表 6-2 所示。

表 6-1 准二级动力学模型拟合参数

K_2FeO_4/(mg·L^{-1})	Q_e/(mg·g^{-1})	$Q_{e,cal}$/(mg·g^{-1})	k_2/(g·mg^{-1}·min^{-1})	R^2
50	38.23	38.84	0.052 7	0.999 1

表 6-2 粒子扩散模型拟合参数

K_2FeO_4/(mg·L^{-1})	$k_{t,1}$/(mg·g^{-1}·$min^{\frac{1}{2}}$)	$k_{t,2}$/(mg·g^{-1}·$min^{\frac{1}{2}}$)	$k_{t,3}$/(mg·g^{-1}·$min^{\frac{1}{2}}$)	R_1^2	R_{2_2}	R_3^2
50	10.490 0	1.540 0	0.146 2	0.982 5	0.837 8	0.890 0

此外，表 6-3 比较了已报道的各吸附材料与高铁酸钾分解产物对锑的最大理论吸附量，表明高铁酸钾分解产物对锑的吸附去除具有优势。

表 6-3 不同吸附剂吸附锑的最大吸附量

吸 附 剂	pH	Q_{max}/(mg·g^{-1})
氢氧化铁	7.0	18.50
Fe-Mn 二元氧化物	5.0	120.53
Fe-Zr 二元氧化物	7.0	60.40
合成亚锰酸盐	3.0	95.00
针铁矿	7.0	60.80
K_2FeO_4	4.0	129.93

6.2.5 处理废水中的锰

毕冬勤等主要以废水中的 Mn^{2+} 为研究对象，通过分析金属阳离子在废水中的存在形态和水解特性，研究高铁酸钾对 Mn^{2+} 的去除效能，并与硫酸铝混凝及两者混合

作用对 Mn^{2+} 的去除效能相比较，得到如下主要结论：① 与单纯硫酸铝混凝相比，采用高铁酸钾能明显提高 Mn^{2+} 的去除效率，去除效果远高于单纯硫酸铝混凝。② 高铁酸钾与硫酸铝两者混合对 Mn^{2+} 进行去除，去除效果明显高于单个的硫酸铝或高铁酸钾，说明高铁酸钾有助凝作用，对提高去除率有积极作用。③ pH 是影响水中 Mn^{2+} 去除效率的重要因素，碱性条件下，Mn^{2+} 的去除效率较高。随着 pH 升高，Mn^{2+} 在水中的水解程度增加，Mn^{2+} 的水解产物更容易被吸附去除。

胡震考察了高铁酸钠脱除废水中锰离子的效果，同时与硫酸铁的除锰离子效果进行了对比。在废水中加入高铁酸钠进行氧化絮凝反应，可有效去除其中的锰离子。随着高铁酸钠质量浓度的增加，废水中剩余锰离子质量浓度减小。与硫酸铁除锰离子相比，加入高铁酸钠后，废水中剩余锰离子质量浓度有了大幅度降低。如图 6－13 和图 6－14 所示，当硫酸铁、高铁酸钠质量浓度分别为 70 mg・L^{-1}、1 mg・L^{-1} 时，废

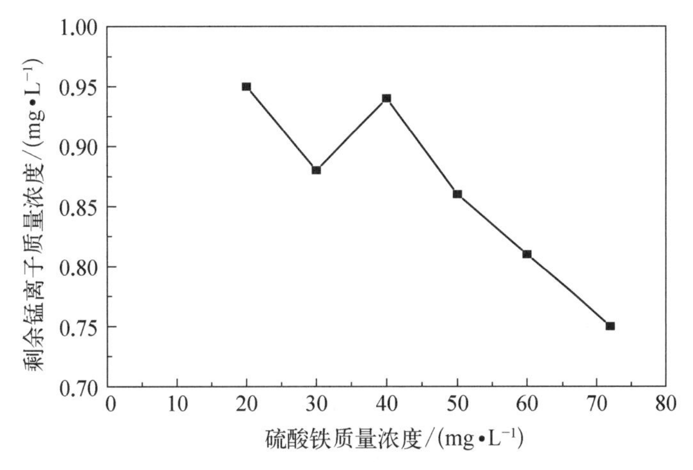

图 6－13　硫酸铁质量浓度对锰离子去除效果的影响

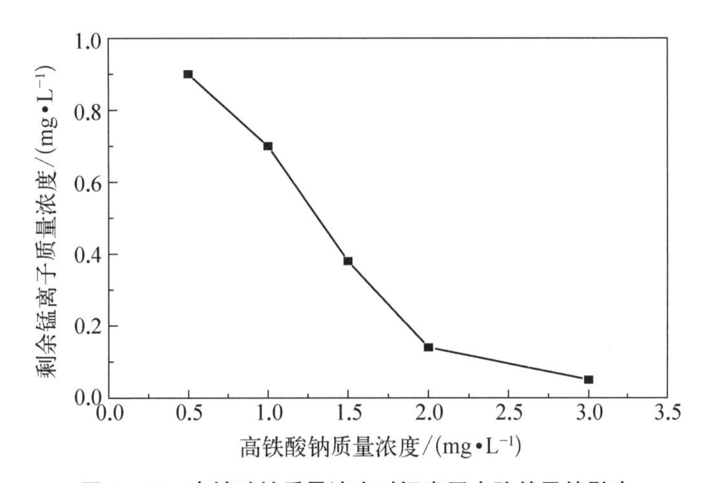

图 6－14　高铁酸钠质量浓度对锰离子去除效果的影响

水中锰离子去除率分别为24%、31%，即高铁酸钠对废水中锰离子的去除效果优于硫酸铁。当高铁酸钠质量浓度为 2 mg·L^{-1} 时，废水中剩余锰离子质量浓度降至 0.097 mg·L^{-1}，去除率为 90%，达到了国家饮用水水质标准。

6.2.6 处理废水中的铜

钟奇军通过高铁酸钾改性制得改性椰壳活性炭，然后对铜离子进行吸附。本章讨论了高铁酸钾浓度、改性时间、改性温度对改性椰壳活性炭的影响，并通过正交试验进一步确定了最佳的椰壳活性炭改性工艺参数。对改性前后椰壳活性炭对 Cu^{2+} 的吸附效果进行了研究，并从比表面积、红外图谱及 Cu^{2+} 吸附率等方面对高铁酸钾、高锰酸钾改性椰壳活性炭进行了比较。结果表明：① K_2FeO_4 改性椰壳活性炭的主要影响因素是 K_2FeO_4 浓度，其次是温度、时间。优选条件是 0.01 mol·L^{-1} 的 K_2FeO_4 在 60 ℃改性 1 h，高铁酸钾对椰壳的改性效果比高锰酸钾好。② 高铁酸钾改性后椰壳活性炭的比表面积基本在增大，增大的主要原因可能是活性炭孔洞的增多及 Fe^{3+} 的二次改性作用；比表面积的减少的主要原因可能是孔洞坍塌。③ 未改性的椰壳活性炭对 Cu^{2+} 的吸附率仅有 79.5%，高铁酸钾改性椰壳活性炭对 Cu^{2+} 的吸附率最小为 90.80%，增加了 11.30%，吸附率最大为 97.62%，增加了 18.12%。④ 高铁酸钾改性椰壳活性炭对铜离子的吸附能力主要取决于活性炭表面的官能团，其次是孔结构，但是 Fe^{3+} 的存在可能影响吸附率。⑤ 综合来看，高铁酸钾比高锰酸钾改性效果更好，是一种优良的新型改性剂。

樊鹏跃等利用静态试验研究了 pH 对 PAC、高铁酸钾、高铁酸钾辅助 PAC 去除废水中 Cu^{2+} 的影响，并初步探讨了其去除机制。结果如图 6－15 和图 6－16 所示，高

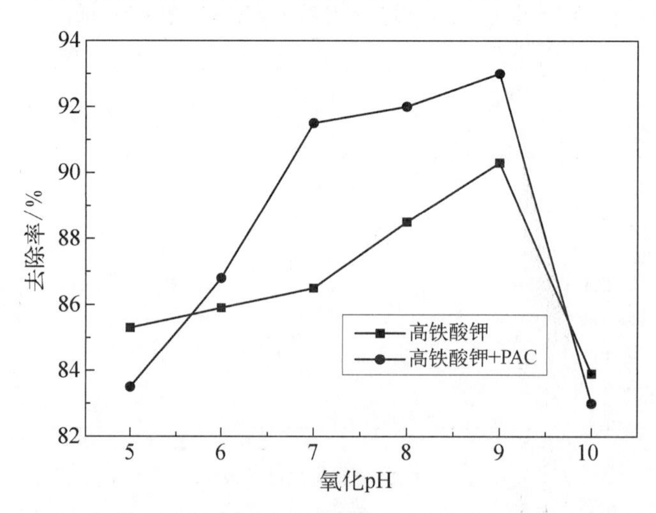

图 6－15　氧化 pH 对高铁酸钾及其辅助 PAC 去除废水中 Cu^{2+} 的影响

铁酸钾、高铁酸钾辅助 PAC 去除废水中 Cu^{2+} 的最佳氧化 pH=9，去除率最大分别为 90.3%、93.1%；PAC 去除废水中 Cu^{2+} 的最佳絮凝 pH=7，去除率可达 83.1%；高铁酸钾、高铁酸钾辅助 PAC 去除废水中 Cu^{2+} 的最佳絮凝 pH=8，去除率最大分别为 93.5%、94.2%。PAC、高铁酸钾、高铁酸钾辅助 PAC 对废水中 Cu^{2+} 均有较好的去除效果，去除率在 70%以上，其中高铁酸钾辅助 PAC 对 Cu^{2+} 的去除效果最佳；中性和弱碱性条件下 Cu^{2+} 的去除率明显高于酸性及强碱性条件。

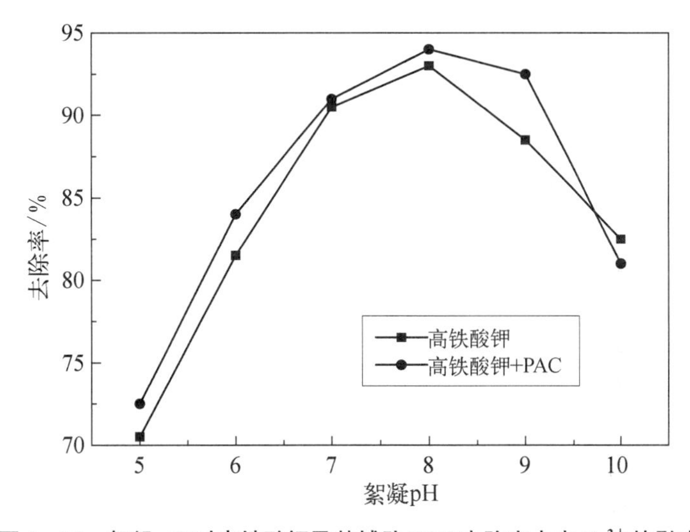

图 6-16 絮凝 pH 对高铁酸钾及其辅助 PAC 去除废水中 Cu^{2+} 的影响

6.2.7 处理废水中的复合重金属

何文丽等采用烧杯试验法，投加高铁酸钾处理淮南潘三煤矿矿井废水和模拟矿井废水，并在不同加药量和 pH 下，研究了高铁酸钾对水中 Pb、Cd、Fe 和 Mn 的氧化去除效果，对矿井废水的利用和减轻其对淮河的污染具有重要意义。由图 6-17 可知，高铁酸钾对矿井废水中的铅有很好的去除效果，随着其投加量的增加，最大去除率约为 62%，水中剩余铅质量浓度约为 6.8 μg・L^{-1}，低于《生活饮用水卫生标准》(GB5749—2006)所规定的允许质量浓度 10 μg・L^{-1}。高铁酸钾对镉的去除作用不是很稳定，投加约 20 mg・L^{-1} 的高铁酸钾达到约 36%的去除率后，继续增加高铁酸钾投加量去除率反而降低，最高去除率约 49%在投加量质量浓度为 60 μg・L^{-1} 时达到，水中剩余镉质量浓度为 3.1 μg・L^{-1}，低于《生活饮用水卫生标准》(GB5749—2006)所规定的允许质量浓度 5 μg・L^{-1}。对于水中的铁离子高铁酸钾有非常明显的去除效果，投加质量浓度为 10 mg・L^{-1} 可以达到约 87%的去除率，继续增加投加量去除率却没有明显提高，最大去除率达到 93%，水中剩余铁质量浓度约为 189 μg·L^{-1}，低于《生活饮用水卫生标准》(GB5749—2006)所规定的允许质量浓度 300 μg·L^{-1}。高铁酸钾投加质量浓度为 30 mg·L^{-1} 时，对锰的去除效果达到最好，投加量的增加并不能继续提高去除率。

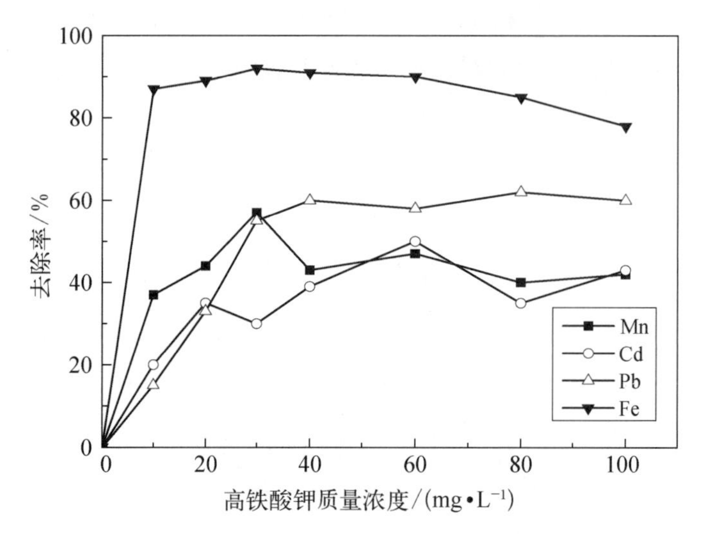

图 6-17　高铁酸钾对矿井废水中铅、镉、铁、锰的去除效果

高铁酸钾投加量的增加可以提高其对矿井废水中铅的去除效果，同时 pH 的升高能使去除效果迅速增大，当 pH=8～10 的碱性条件下，高铁酸钾投加质量浓度约 30 mg·L^{-1} 时可使 Pb 去除率稳定在 80%以上。这是因为在酸性条件下，Pb^{2+} 比较稳定，不易被氧化，而 K_2FeO_4 的还原产物——Fe^{3+} 的絮凝作用又较弱，所以去除率比较低；在碱性条件下，Pb^{2+} 被氧化成 PbO_2 沉淀的量和 K_2FeO_4 的还原生成的 $Fe(OH)_3$ 的量都逐渐增多，所以去除率随着 pH 的升高而增大。在 pH<8 时水中的镉几乎完全以 Cd^{2+} 的形态存在，在 pH=8～10 时才开始逐渐水解生成 $CdOH^+$，之后逐渐产生 $Cd(OH)_3^-$ 和 $Cd(OH)_2$ 等沉淀物。所以在酸性条件下高铁酸钾对镉的去除率非常低，pH 的提高可以有效提高对镉的去除效果，实验中在 pH=10 时去除效果最好。高铁酸钾的投加量也是影响对镉去除效果的重要因素，随着投加量的增加，镉的去除率不断提高，投加质量浓度为 100 mg·L^{-1} 时去除率达到 61%。铁和锰是人体必需的微量元素，但过量的铁是有毒的，实验研究了高铁酸钾对铁、锰的去除效果。结果可以看出，当 pH>8 时，pH 对 Fe 的去除效果没有太大的影响，而当 pH=10 时，高铁酸钾投加质量浓度达到 50 mg·L^{-1}，继续增加投加量反而会降低 Fe 的去除效果；高 pH 能明显提高高铁酸钾对 Mn 的去除效果，随其投加量的增加可以使 Mn 去除率达到 91%。在酸性条件下高铁酸钾氧化能力强(标准氧化还原电位为 2.20 V),可对溶解态铁、锰进行氧化;碱性条件下,高铁酸根稳定地进行分解,通过氧化破坏有机物对胶体的保护作用,也有可能是高铁酸根离子与氢氧根离子作用生成了羟基自由基,可有效破坏胶体态铁、锰的有机物保护膜,此时氢氧化铁以较高聚合度的无机高分子胶态在杂质微粒之间黏结架桥,使它们发生架桥絮凝作用,从而强化混凝,进一步降低了水中的铁、锰的浓度。pH 对铅、镉、铁、锰去除率影响的差异主要在于不同 pH 下各种重金属离子的水解形态不同,只有当水中的重金属离子发生一定程度的水解后才能被有效去除。随着 pH 的升高,重金属在水中的水解程度增大,多种羟基化水解产物的比例也大为提高,此时混凝沉淀对重金属的去除率才同步升高。高铁酸钾水解产生的中间态高电荷水解产物 Fe(III)及最终生成的 $Fe(OH)_3$ 胶体具有良好的絮凝、吸附等作用,是其对废水中的重金属有良好去除效能的主要原因。

第7章　高铁酸盐应用在预处理工艺的研究

7.1　高铁酸盐预处理地表水的研究进展

随着工业的发展和城市化进程的加快，湖泊、水库水富营养化问题越来越突出，一些以湖泊水库水为水源的水厂、工厂，由于供水安全及生产工艺的需要，对水中的藻类及有机物、浊度要加以控制。

水体中微生物和有机物的含量常采用预氧化消毒的措施予以控制。化学预氧化是通过在常规给水处理工艺前端投加氧化剂强化其处理效果的一种预处理措施。化学预氧化可用于去除微量有机物、除藻除臭、去除铁、锰氧化助凝。目前能够在给水处理中应用的主要氧化剂有氯及其化合物、二氧化氯、臭氧、高锰酸钾和高铁酸钾等。

氯是最早应用的氧化消毒剂，有促进混凝、除藻、抑制生物活性的作用，但在预氧化过程中与有机物反应生成一系列对人体有害的卤代有机物，如三卤甲烷(Trihalomethane，THM)、卤乙酸(Haloacetic Acid，HAA)等，在饮用水处理中逐渐受到限制。氯消毒也存在其他负面影响，因RO膜对余氯的限制，在脱氯还原后细菌会发生“后繁殖”，造成保安过滤器和膜组件里的生物污染。

近几年，因良好的除藻、去色效果和广谱性，二氧化氯的应用日渐广泛。采用 ClO_2 可避免氯化消毒副产物。但 ClO_2 与水中的还原性成分作用也会产生一些副产物，如亚氯酸盐 ClO_2^- 和氯酸盐 ClO_3^-，也有一定的生理毒性，破坏人体血红细胞，引起溶血性贫血，因而使用时限制其投加量。

臭氧是氧化能力极强的消毒氧化剂，杀灭细菌、病毒和隐形孢子虫的速度是氯的300～3 000倍。但作为消毒剂，O_3 在水中不稳定，易消失，实际应用中极少单独使用，往往与氯系消毒剂配合维持水中的残余消毒剂。O_3 将水中的大分子有机物氧化降解成小分子，有些小分子的毒性和致突变性反而增强，因此常采取与活性炭联用的方式，吸附小分子有机物。O_3 分解，向水中充氧，消毒残余微生物又有了丰盈的饵料和适宜的生长环境，易引起“后繁殖”。高锰酸钾或高锰酸盐复合药剂具有很好的氧化、除藻、助凝效果，去除有机物、藻类和铁锰有效。目前高锰酸钾在处理源水微污染方面逐步得到广泛认可，预氧化与预氯化相比，在除臭、毒副产物、强化脱稳等方面均有一定的优越性。经实验证明，高锰酸钾预氧化对多种地表水有明显的助凝作用，使沉淀后和滤后水体浊度下降，使混凝剂的最佳投药范围拓宽。

高铁酸钾或高铁酸盐复合药剂是强氧化条件下制得的六价铁化合物，在整个 pH 范围内都具有强氧化性，氧化能力高铁酸钾＞臭氧＞过氧化氢＞高锰酸钾＞氯气＞二氧化氯等，如表 7 - 1 所示。高铁酸钾或高铁酸盐复合药剂可以氧化去除 NH_2^+、$S_2H_2^{2-}$、S^{2-}、SCN^-、CN^-、重金属离子等无机物和醇、酸、胺、羟酮、苯腙等有机物。在还原过程中产生的中间价态 Fe(III)、Fe(IV)的水解产物有更大的网状结构、更高的正电荷，易形成 $Fe(OH)_3$ 凝胶沉淀。高铁酸盐在水处理中发挥氧化、絮凝、吸附、除藻、消毒等多种功能效应，且不产生任何毒、副产物，是水处理氧化消毒药剂中为数不多的环保性药剂。高铁酸盐在水中分解后，铁离子渗透到细菌细胞内部，通过抑制细菌的呼吸达到灭活作用，有良好的杀生除藻效果。高铁酸盐的氧化性能强于高锰酸盐及其他水处理氧化剂，在从六价至三价离子的中间演变过程中出现的水解中间产物和最终产物都是铁系絮凝剂，因此具有极佳的应用前景。研究初期，由于高铁酸钾难以制备和极不稳定，使高铁酸钾净水效能的深入研究及其应用受到很大限制。近年来，国内一些学者针对我国水源污染情况和高铁酸钾的化学性质，研制开发了以高铁酸钾为核心的复合药剂，显著地提高了高铁酸盐的稳定性，使之易于进行生产制备，并以该复合药剂处理地表水取得了良好的效果。高铁酸钾复合药剂拓宽了高铁酸钾的应用范围，使其在实际中应用成为可能。

表 7 - 1　常用氧化剂的氧化还原电位

氧化剂	化学反应式	氧化还原电位/V
Cl_2	$Cl_2(g) + 2e \longrightarrow 2Cl^-$	1.358
	$ClO^- + H_2O + 2e \longrightarrow Cl^- + 2OH^-$	0.841
HClO	$HClO + H^+ + 2e \longrightarrow Cl^- + H_2O$	1.482
ClO_2	$ClO_2(aq) + e \longrightarrow ClO_2^-$	0.954
ClO_4^-	$ClO_4^- + 8H^+ + 8e \longrightarrow Cl^- + 4H_2O$	1.389
O_3	$O_3 + 2H^+ + 2e \longrightarrow O_2 + H_2O$	2.076
H_2O_2	$H_2O_2 + 2H^+ + 2e \longrightarrow 2H_2O$	1.776
溶解氧(O_2)	$O_2 + 4H^+ + 4e \longrightarrow 2H_2O$	1.229
MnO_4^-	$MnO_4^- + 4H^+ + 3e \longrightarrow MnO_2 + 2H_2O$	1.679
	$MnO_4^- + 8H^+ + 5e \longrightarrow Mn^{2+} + 4H_2O$	1.507

续 表

氧 化 剂	化 学 反 应 式	氧化还原电位/V
FeO_4^{2-}	$FeO_4^{2-}+8H^++3e \longrightarrow Fe^{3+}+4H_2O$ $FeO_4^{2-}+4H_2O+3e \longrightarrow Fe(OH)_3+5OH^-$	2.200 0.720

絮凝、吸附——高铁酸钾在水溶液中极易分解，放出氧气，并析出具有高度吸附活性的絮状氢氧化铁，在酸性条件下其标准电极电势是远远大于水的稳定区间的，故会氧化水，放出氧气。反应式如下：

$$4K_4FeO_4+10H_2O \longrightarrow 4Fe(OH)_3+8KOH+3O_2\uparrow \tag{7.1}$$

高铁酸钾分解产生的 $Fe(OH)_3$ 可吸附絮凝部分阴阳离子、有机物和悬浮物，能起到很好的净化作用。高铁酸盐的还原产物新生态 Fe(III)是一种优良的无机絮凝剂，具有良好的絮凝和助凝效果。高铁酸钾在水处理过程中的絮凝效果比一般的无机絮凝剂要好，这主要是由于 Fe^{6+} 在水中分解时并不直接转化为 Fe^{3+}，而是经历了由六价到三价不同电荷离子的中间形态的演变，在转化过程中会产生正价态水解产物，这些产物具有较大的网状结构，压缩并电中和水中的胶态杂质扩散层，因而表现出独特的絮凝作用效果。

脱色、除臭——由于其分解产物的吸附性，能较好地脱色除臭，能迅速有效地除去硫化氢、甲硫醇、氨等恶臭物质，能氧化分解恶臭物质；氧化还原过程中产生的不同价态的铁离子可与硫化物生成沉淀而去除；氧化分解释放的氧气促进曝气；将氨氧化成硝酸盐，硝酸盐能取代硫酸盐作为电子接受体，避免恶臭物生成等。FeO_4^{2-} 的还原产物 Fe^{3+} 具有补血功能，不会产生二次污染和其他副作用。

7.1.1 高铁酸盐预氧化对藻类的去除

7.1.1.1 预氧化藻类效果研究

赵春禄等发现 K_2FeO_4 预氧化对颤藻生长具有显著的抑制作用，且随着 K_2FeO_4 投加量的增加，藻类生长抑制时间增长。当 K_2FeO_4 投加量在 2.4 mg·L^{-1} 时，抑制藻的活性达 12 d。通过电子显微镜观察：在 2.4 mg·L^{-1} 的 K_2FeO_4 浓度下，藻细胞结构未破坏，可防止因细胞破裂而向水体中释放藻毒素。K_2FeO_4 预氧化不仅能有效抑制藻体的活性，增加藻絮体的密实度及其沉降性能，同时还能强化混凝除藻除浊的效能，提高对含藻水的强化净水作用。此外，高铁酸盐对藻类细胞的灭活作用在短时间内即可完成，这是因为高铁酸盐分解快，1 min 时效果已比较明显，5 min 后效果趋缓。因此高铁酸盐被认为是一种值得进一步深入研究的处理含藻水的药剂。

程方使用高铁酸钾预氧化海水除藻，实验海水为批次 2 和 3，如图 7－1 所示。单独使用高铁酸钾，当投加量大于 2 mg·L^{-1} 时，去除率出现拐点，除藻率大于 70%，比单独使用混凝剂 $FeCl_3$ 除藻率提高约 20%，投加 K_2FeO_4 质量浓度为 3 mg·L^{-1} 时出现细小矾花，说明高铁酸盐除具有氧化功能外，氧化反应完成后的新生态 $Fe(OH)_3$ 具有混凝效果。如图 7－2 所示，K_2FeO_4 除藻反应较快，投加 5 min 后除藻率约 40%～60%。实验中通过对高铁酸钾预氧化除藻效果与 $FeCl_3$ 混凝后除藻效果比较，得出高铁酸钾在海水中的氧化除藻效果显著。此外，高铁酸钾作为预氧化剂与混凝剂配合使用，对混凝去除藻类的影响，以沉淀和滤后水中剩余藻细胞的去除率可

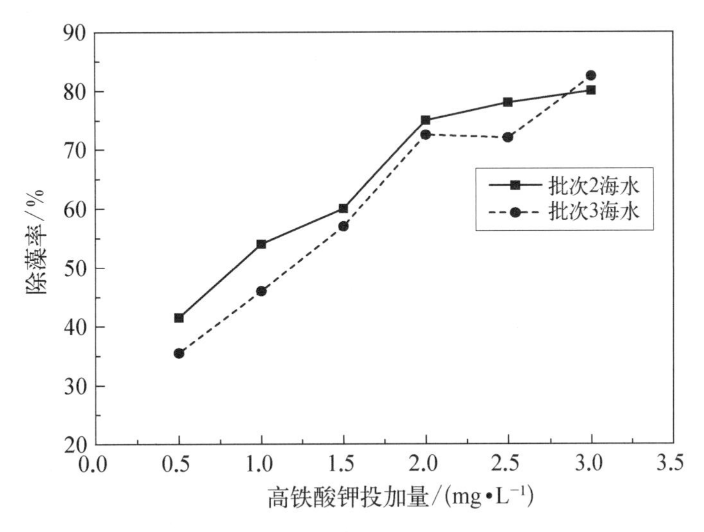

图 7－1　高铁酸钾预氧化的除藻效果

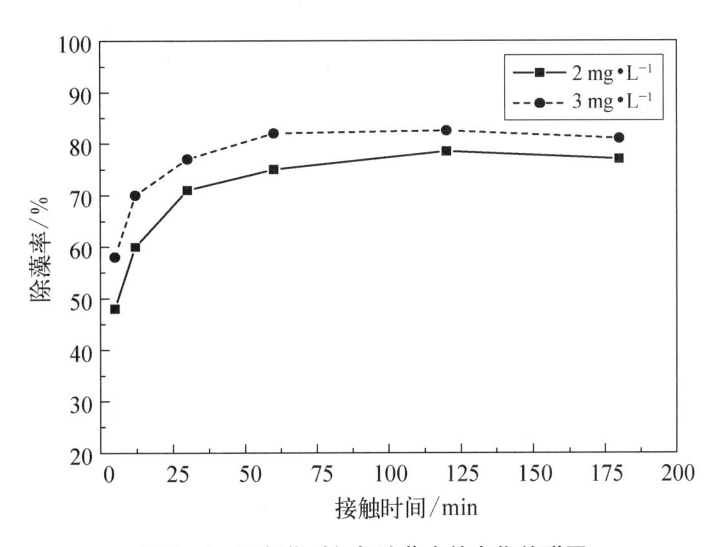

图 7－2　预氧化时间与除藻率的变化关联图

初步评价高铁酸盐的除藻效果。高铁酸钾投加量为 1.0 mg·L^{-1} 时混凝效果较好，且水温升高，加药量可相应减少；当其投加量大于 1.2 mg·L^{-1} 时，除藻率可达到 50%左右；当其投加量为 2 mg·L^{-1} 以上时，滤后除藻率大于 70%。考虑两批次海水在不同高铁酸钾投加量时混凝沉降藻类去除的效果后发现，与 $FeCl_3$ 混凝相比，加入高铁酸盐预氧化后的混凝效果较明显。当高铁酸钾投加量为 2 mg·L^{-1} 时，沉淀后除藻率约为 80%，比仅使用混凝剂提高 30%。这说明高铁酸钾的强氧化性和新生态的氢氧化铁共同作用，使强化除藻的效果出现。当藻细胞个数增多时，其强化除藻效果亦不会减弱。

此外，程方将海水(次氯酸钠)的预氯化和高锰酸钾、高铁酸钾预氧化对除藻率的影响进行了比较，具体结果如图 7-3 所示。实验结果表明次氯酸钠与高铁酸钾投加量均小于 2 mg·L^{-1} 时，除藻效果基本一致，但加大投加量后，高铁酸钾的除藻效果优于次氯酸钠；而高锰酸钾在投加量小于 5 mg·L^{-1} 时，除藻率均高于次氯酸钠和高铁酸钾，但继续加大投药量后无明显提高，而且药量增加后色度明显加大。因此高锰酸钾不适宜大剂量投加。上述三种氧化剂都可以抑制微生物的活性，减少活性生物的界面电荷；都可破坏分散杂质的水化层，使其脱稳，当絮凝剂和海水中存在 Fe^{2+}、Mn^{2+} 离子时，可氧化为三价离子沉淀去除。但 $KMnO_4$、K_2FeO_4 在氧化反应过程中存在水合中间态产物，依然具有氧化活性和较大的网状结构，新生态的 MnO_2 和 $Fe(OH)_3$ 成为絮体的核心，因此这两种氧化剂的混凝降浊效果优于次氯酸钠。另外当藻类暴发，藻含量高，需投加大剂量氧化剂时，高铁盐的优势明显。从二次污染角度看，高铁酸钾预氧化后的产物为 $Fe(OH)_3$ 和分子氧，无任何毒副作用，优于预氯化。因此选择高

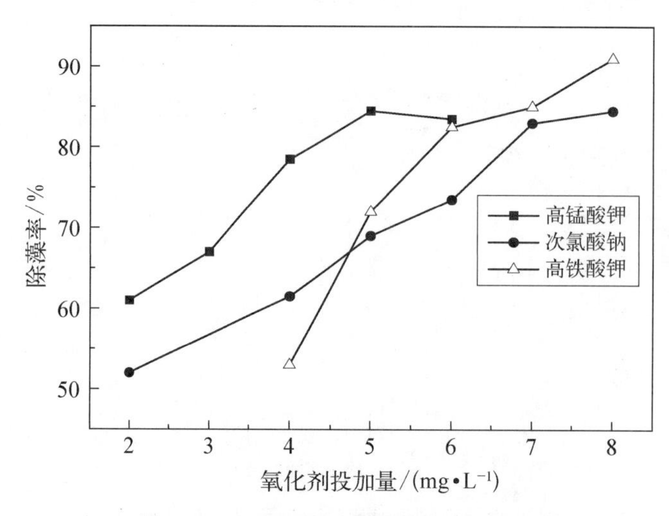

图 7-3　氧化剂投加量对除藻率的影响

铁酸钾作为预氧化剂与混凝剂配合，可达到强化混凝微污染海水的效果。

苑宝玲等研究发现，在处理含藻量多，以颤藻为主的深圳铁岗原水时，单纯 PAC 混凝除藻效果不理想，投加少量高铁酸盐进行预氧化，再投加 PAC 混凝，水中藻的去除率高达 97.85%，幅度提高 10%～20%。马军等采用高铁酸钾复合药剂除藻，少量的高铁酸盐复合药剂（如 0.14 mg・L^{-1}Fe）可使沉淀后藻类显著下降，去除率可达 60%左右，若不使用高铁酸盐复合药剂预氧化，去除率仅为 20%～30%。当高铁酸盐复合药剂投加量为 1.4 mg・L^{-1}Fe，硫酸铝投加量为 80 mg・L^{-1} 条件下，沉淀后藻类去除率达 75%。梁好等的研究也表明，采用高铁酸盐预氧化，其投加 0.14 mg・L^{-1} 就能明显提高聚合铝对含藻类水混凝的除藻率。

刘涛等采用预氧化-絮凝-吸附组合工艺处理巢湖微污染原水水体中的藻类，结果发现：单独投加聚合铝铁絮凝除藻的效果不是很理想；而先投加少量氧化剂，即 1.6 mg・L^{-1} 高铁酸钾进行预氧化 5 min 后，再加 40 mg・L^{-1} 聚合铝铁絮凝，沉淀后的水样以 10 mL・min^{-1} 的流量通过填料高度为 9 cm 的沸石柱，处理水量可达 3.4 L，出水中藻类含量低于 10^6 个・L^{-1}。高铁酸盐预氧化可使水中藻类去除率显著提高，提高程度约为 30%。

高铁酸钾的强氧化使其能破坏细菌的细胞壁、细胞膜及细胞结构中的一些物质（如酶等），抑制蛋白质及核酸的合成，阻碍菌体的生长和繁殖，因而可以提高除藻率。在实验中发现，高铁酸盐投加量相对较低，如 0.14～0.40 mg・L^{-1}（以 Fe 计）时即有较高的除藻率，高铁酸盐预氧化的藻类去除率的大幅度提高不可能是单纯氧化灭活作用所致，还可能存在着有利于后续混凝的作用。通过镜检观察到高铁酸盐复合药剂预氧化使水中藻类活性显著降低，同时迅速收缩聚结，并在其表面吸附一些微小颗粒。该现象表明，高铁酸盐复合药剂预氧化可显著地促进水中藻类的凝聚。由于高铁酸盐对含藻类水预氧化形成的 $Fe(OH)_3$ 能够吸附水中藻类，从而增加藻类在水中的沉速，形成相对较密实的絮体，并且沉淀后水中的藻类能够与新形成的 $Fe(OH)_3$ 结合，易于被过滤过程截留，从而提高了过滤过程对藻类的去除效率。

7.1.1.2　pH 对高铁酸盐预氧化除藻的影响

当水体中滋生藻类时，由于藻体细胞的新陈代谢以及光合作用，常常使水体 pH 有所变化，这种现象在藻类培养过程中可检测到。水体 pH 变化将影响高铁酸盐预氧化除藻效果。酸性条件下高铁酸盐的除藻效果优于中性和碱性条件下的除藻效果。水中 H^+ 对 FeO_4^{2-} 具有较强的催化分解作用，当 pH 低于 5 时，水中的 FeO_4^{2-} 将迅速分解，可以更有效发挥高铁酸盐的氧化和絮凝功能。

赵春禄等发现在一定范围内水体的pH降低，高铁酸钾的预氧化除藻作用增强。如图7-4所示，pH=6.5时的除藻效率比pH=8.5时提高了17.4%。这是因为高铁酸根氧化还原电位在酸性条件下为2.2 V，明显高于碱性条件下的0.7 V。高铁酸根在酸性条件下的氧化能力增强，进一步抑制了藻体的活性，促使其在水体中的凝聚，特别是伴随高铁酸钾的水解过程，所产生高正电荷的多聚水解产物，起到了良好的絮凝作用，最终形成的$Fe(OH)_3$胶体在沉淀过程中的网捕作用，形成协同的絮凝共沉淀，增强了去除水中杂质的功能。此外，在实验水质条件下，K_2FeO_4预氧化复合高岭土、PAC混凝除藻的最佳条件为：PAC、高岭土、高铁酸钾的投加量分别为5 $mg \cdot L^{-1}$、24$mg \cdot L^{-1}$和2.4 $mg \cdot L^{-1}$，pH=6.5。在此条件下，浊度和叶绿素a去除率分别达96.04%和95.37%，残余铝浓度为0.087 $mg \cdot L^{-1}$，优于传统的单纯PAC絮凝工艺。

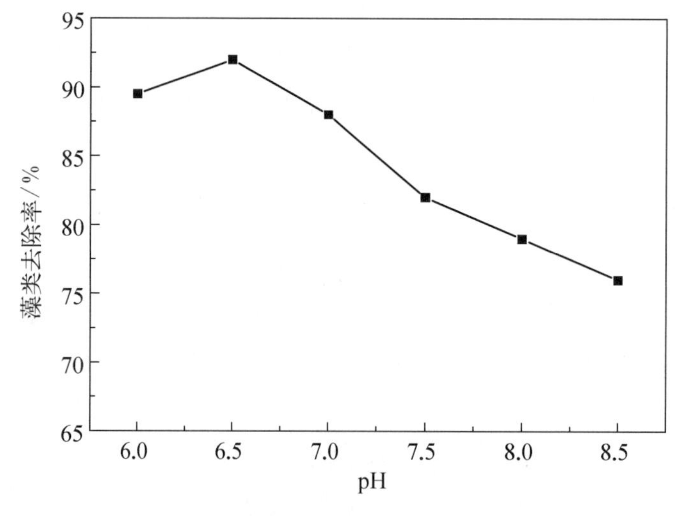

图7-4 不同pH对藻类去除率的影响

7.1.1.3 腐殖质对高铁酸盐预氧化除藻的影响

有腐殖酸存在的含藻水，投入混凝剂后絮体细小，形成缓慢且不易长大，这说明水中的腐殖酸阻碍了藻类细胞的混凝。腐殖酸对混凝除藻的阻碍作用可能是因为腐殖酸使水中负电荷密度增加，混凝剂需要中和腐殖酸的表面电荷，然后才表现出混凝作用；或者是由于水中的腐殖酸分子中离子化的酚羟基与混凝剂部分水解的铝离子形成可溶的络合物，从而降低了混凝效率，增加了混凝剂投加量。

曲久辉研究了高铁酸盐对水中腐殖质的氧化去除效果，结果表明：高铁酸盐对富里酸(Fulvic Acid，FA)具有良好的氧化去除效能，质量比为12∶1的高铁酸盐能够去除90%的FA;适当增加高铁酸钾的投加量对提高FA去除率是有效的。对含有FA的混浊水,高铁酸盐具有氧化和絮凝双重功能。高铁酸盐对FA最佳氧化去除的pH范围是在8~9。这可能受到两个因素影响:一方面,pH增加有利于FA分子的离子化,使其更易于氧化;另一方面,pH的升高将导致高铁酸根的氧化电位降低。因此,最佳作用的pH条件应该是两个方面综合作用的结果。

高铁酸盐预氧化、絮凝可以消除腐殖酸对混凝除藻的阻碍作用,可能是由于以下反应决定的:高铁酸盐氧化破坏腐殖酸的酚羟基等酸性基团,降低腐殖酸的表面电荷密度,并减少腐殖酸与铝离子的络合;高铁酸盐在分解过程中形成的带正电荷的中间产物起到中和腐殖酸表面电荷的作用。由于高铁酸盐预氧化部分中和了腐殖酸的表面电荷,提高了混凝剂的利用率,从而提高了混凝剂对藻类细胞的混凝去除率。

7.1.2 高铁酸盐预氧化对有机物的去除

刘涛和曲久辉在各自的研究中均认为提高高铁酸钾的投加量是决定水中有机物去除的关键。程方研究海水经高铁酸钾强化混凝后的COD_{Mn}去除率发现:随着高铁酸盐质量浓度的提高,海水COD_{Mn}去除效果大幅提高。当高铁酸盐浓度为5 mg·L^{-1}时,COD_{Mn}去除率可达40%,其浓度为10 mg·L^{-1}时,COD_{Mn}去除率为75%,对COD_{Mn}的氧化去除能力远高于常规混凝。

UV_{254}(有机物的吸光度)表征含有不饱和芳香环、碳碳共轭双键结构及含氮的有机物,这些官能团均有着很高的电子云密度,在检测水厂的运行效果上运用得非常广泛。此外,波长254 nm的紫外吸光度值是难挥发性总有机碳(NPTOC)和总三卤甲烷生成势(TTHMFP)的一个良好替代参数。紫外吸光度(UVA)间接反应原水中NPTOC和TTHMFP浓度,可以用来监控生产运行或预测NPTOC和TTHMFP的去除率。另外,相关的研究结果表明,UVA与COD_{Cr}、TOC、BOD_5等具有显著的线性关系,因而通过UV_{254}的下降趋势可以推断处理后水中有机物总量的去除规律以及氯仿生成势的降低幅度。

李春娟等发现单独硫酸铝混凝时,在混凝剂硫酸铝投加量为50 mg·L^{-1}的条件下,单独混凝松花江水的UV_{254}去除率为36.7%,投加量1 mg·L^{-1}的高铁酸钾时,其去除率提高至63.3%。随着有机物相对分子质量的降低,有机物吸收紫外光的强度也随之减弱。而高铁酸钾是亲电试剂,而且本身对含氮有机物有较好的选择性氧化,其对有机化合物的不完全氧化降低了大分子有机物的分子量,破坏了不饱和芳环结构,导致了有机物紫外吸收的减弱。此外,高铁酸钾预氧化对有机物的矿化并没有特别明显的促进，这可能是因为预氧化阶段，高铁酸钾将水中的大分子有机物氧化成小分子有机物，较少产生进一步的矿化，而产生的小分子有机物亲水性提高，不利于其混凝去除。

张硕等以高铁酸盐预氧化黄浦江污染水源水，投加高铁酸盐后，沉淀后水体中COD_{Mn}浓度明显降低，去除率可达24%以上。如图7-5所示，随高铁酸盐投加量的增加，高铁酸盐的氧化能力增强，三价铁盐絮凝作用也较强，COD_{Mn}去除效果有所提高。高铁酸盐较低浓度投加时，沉淀后水体中COD_{Mn}浓度略高于3.5 mg・L^{-1}。高铁酸盐高浓度投加，投加量达100(mg・L^{-1})时，沉淀后水体中COD_{Mn}去除率可近50%，浓度低于3 mg・L^{-1}。原因在于，有机物经过在江河中分解氧化，原水中所含部分多难降解，高铁酸盐低浓度单独投加的氧化和絮凝作用仅能达到有限的处理效果，当其投加浓度高达100 mg・L^{-1}时，仍有一半的COD_{Mn}残留水中。

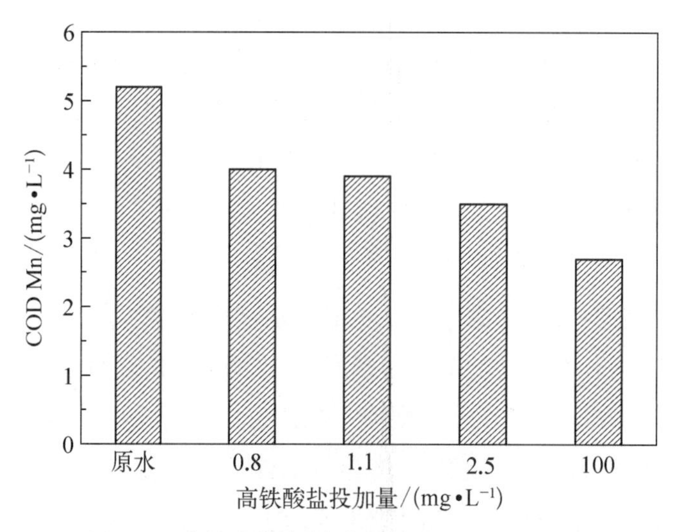

图7-5　高铁酸盐单独投加下沉淀后COD_{Mn}浓度

此外，如图7-6所示，高铁酸盐投加量大于1.1 mg・L^{-1}时，水中UV_{254}的去除效果明显，去除率高达50%以上，这表明其对水中的小分子有机物具有良好的处理效果。当高铁酸盐在高于1.1 mg・L^{-1}的低浓度投加时，UV_{254}去除率提高有限。高铁酸盐在投加量为100 mg・L^{-1}时，沉淀后水UV_{254}去除率约为74%，成本明显偏高。

刘伟等为进一步考察高铁酸钾预氧化对滤后水样氯仿生成量的控制作用，实验中将高铁酸钾预氧化与预氯化对氯仿生成量的影响进行了对比实验。高铁酸钾预氧化后，滤后水消毒30 min的氯仿生成量随高铁酸钾投加量的增加呈现下降趋势，5 mg・L^{-1}的高铁酸钾预氧化使滤后水的氯仿生成量降低至6.6 μg・L^{-1}的低水

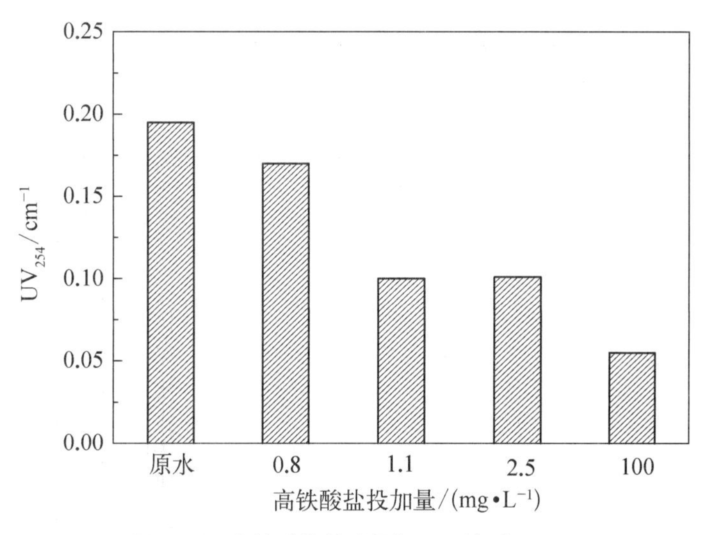

图 7－6　高铁酸盐单独投加下沉淀后 UV_{254}

平，说明高铁酸钾可以有效地去除水中的氯仿前质。高铁酸钾预氧化可能改变了水中氯仿前质的结构，或者是高铁酸钾被还原后产生的 $Fe(OH)_3$ 胶体通过沉淀吸附去除了部分氯仿前质，因而使氯化消毒后的氯仿生成量下降。

刘涛等于巢湖微污染源水体中投加高铁酸钾后发现：与不添加氧化剂相比，投加 1.6 mg・L^{-1} 的高铁酸钾后，COD_{Mn} 去除率提高了 34.6%。这是由于高铁酸钾预氧化后，破坏了水体中胶体的稳定性，从而促进了混凝阶段对有机物的去除，此外高铁酸钾本身对有机物也有一定的去除作用。

7.1.3　高铁酸盐预氧化对氨氮和磷的去除

酸性环境下水中氨氮的去除主要是通过高铁酸盐的强氧化作用实现的；当体系呈碱性时，高铁酸盐的分解变得缓慢，此时虽然氧化能力有所下降，但 FeO_4^{2-} 与 NH_4^+ 之间的氧化作用时间延长，同时由于高铁氧化所生成的 $Fe(OH)_3$ 具有良好的吸附与絮凝作用，对氨氮的去除也有一定的促进作用。由于上述多种因素的协同作用，使得在弱碱性条件下氨氮的脱除效果更为显著。

张硕等以高铁酸盐预氧化黄浦江污染水源水，发现低投加量下氨氮有明显的去除效果，去除率在 60%左右。如图 7－7 所示，随着高铁酸盐投加量的增加，沉淀后水体中氨氮浓度显著增大，当高铁酸盐为 100 mg・L^{-1} 时，去除率接近于零。这可能是因为，FeO_4^{2-} 优先氧化水中的氨氮，当原水所含的有机氮较多时，在六价铁的强氧化作用下，有机态氮先转变为氨氮，同时 FeO_4^{2-} 投加量不足以将产生的氨氮进一步氧化成亚硝酸氮和硝酸氮，水中氨氮浓度也就反而升高。因此从经济性和水质达标考虑，应以氧化水中含有的氨氮为目标，投加高铁酸盐不宜过多。

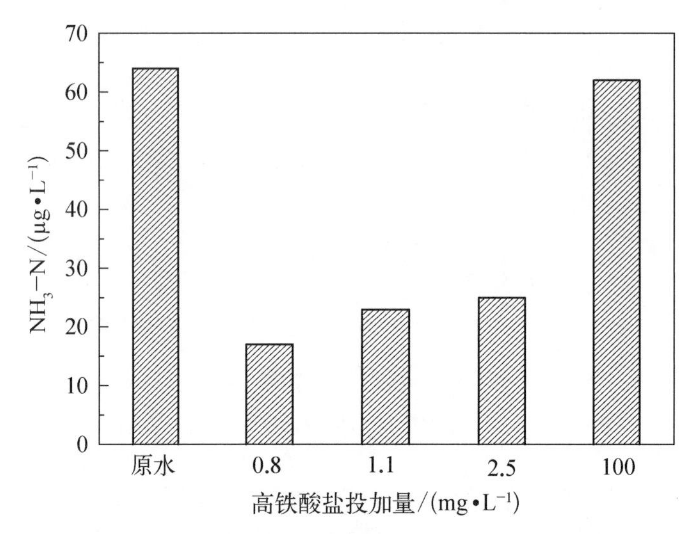

图 7-7　高铁酸盐单独投加下沉淀后 NH_3-N 的浓度

李春娟等研究了高铁酸盐预氧化对松花江水体中氨氮混凝效果的影响，结果发现单独混凝对氨氮有一定的去除作用，然而高铁酸钾预氧化引起了混凝后氨氮值上升 17%，即说明预氧化对混凝后的硝酸盐氮几乎没有影响。同时考察的总氮(TN)结果显示，预氧化和混凝对总氮都有较少的去除。混凝过程中 TN 的去除来自于含氮物质与混凝剂的共沉降，预氧化过程中 TN 的去除可能来自反应过程 N_2 的产生，预氧化对混凝的强化除氮可能是由于含氮物质的氧化产物更容易被混凝而去除。

刘涛等于巢湖微污染源水中投加高铁酸钾后发现：与不添加氧化剂相比，投加 1.6 mg·L^{-1} 高铁酸钾后，氨氮和磷去除率分别提高了 14.5%和 4%，表明氧化剂对低浓度氨氮的氧化程度不高，此结果与曲久辉等研究结果相一致。而磷的去除主要通过絮凝沉淀作用。

7.1.4　高铁酸盐对色度和浊度的去除

适当的 K_2FeO_4 加入量，能够将一般地表水中 90%的可沉淀悬浮物和 94%的浑浊度除去，这比同样条件下的三价铁盐和三价铝盐的絮凝效果好得多；而且，高铁酸钾能在 1 min 内使水中的胶粒失稳，而铁盐和亚铁盐则需要 30 min 才能达到同样的效果。

张硕等发现单独投加高铁酸盐对水中浊度的去除效果明显，随着投加量增加，出水浊度越低。高铁酸盐投加量在 1.1 mg・L^{-1} 以上时，水体浊度已小于 0.5 NTU，低于常规沉淀后的水体浊度，如图 7－8 所示。与常规混凝处理相比，在高铁酸盐强氧化性和混凝的协同作用下，较低的投加量即可去除水中颗粒物，实现较低的沉淀后水浊度。同时，刘伟等进行的烧杯实验结果亦表明，高铁酸钾预氧化对于稳定性受污染水库水具有显著的助凝、助滤作用，可使沉淀后及滤后出水的剩余浊度大大降低。

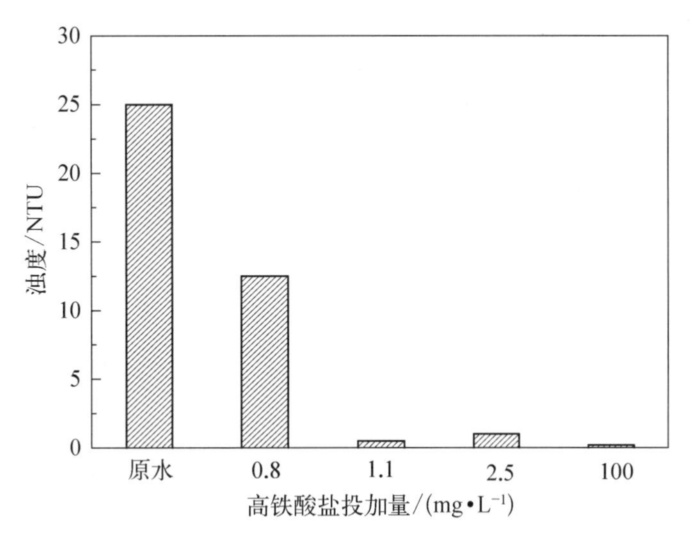

图 7－8　高铁酸盐单独投加下沉淀后水浊度

程方使用高铁酸钾预氧化海水，以 K_2FeO_4 与 $FeCl_3$ 配合发现，加入高铁酸钾 2～3 mg・L^{-1}，相当于投加 1.5～2 倍的混凝剂，高铁酸钾促进海水混凝，有效地降低了混凝后的海水浊度。

7.1.5　高铁酸盐预氧化对分子质量分布的影响

李春娟等发现单独混凝整体上对有机物的去除有一定效果，TOC 去除率为 31.1%。其中，相对分子质量在 500～3 000 区间的有机物有所增加。相对分子质量在 500～3 000 区间的有机物可能在混凝过程中从共沉的大分子有机物上脱附下来，重新进入水体。已有文献报道，富里酸和腐殖酸结构(由氢键连接分子筛矩阵中的酚酸和苯羧酸)含有许多孔穴，它们能截留或固定有机分子。这些化合物可能在化学氧化过程中释放出来，从而导致 TOC 的增加。有研究表明，天然有机物的相对分子质量越大，越容易被混凝过程所去除。从图 7－9 中可以看出，混凝主要去除相对分子质量大于3 000的有机物。高铁酸钾预氧化混凝后TOC的去除率为37.0%，并没有较大的强化去除发生。高铁酸钾预氧化使得原水混凝后相对分子质量大于100 000和500～10 000区间的TOC有所降低，而10 000～100 000和小于500区间的有机分子却有所增加。10 000～100 000和小于500区间的有机分子的TOC值分别从原来的0.79 mg·L^{-1}和1.32 mg·L^{-1}增加到1.14 mg·L^{-1}和2.08 mg·L^{-1}。小于500区间的有机分子的TOC值增加得更明显，由单独混凝时的38.9%的比例增加到预氧化混凝后的65%。很显然，高铁酸钾预氧化将原水中相对分子质量较大的有机物氧化分解为相对分子质量较小的有机物。一般相对分子质量大于3 000的有机物是水中紫外吸收的主体，小于500的有机物紫外吸收很弱。

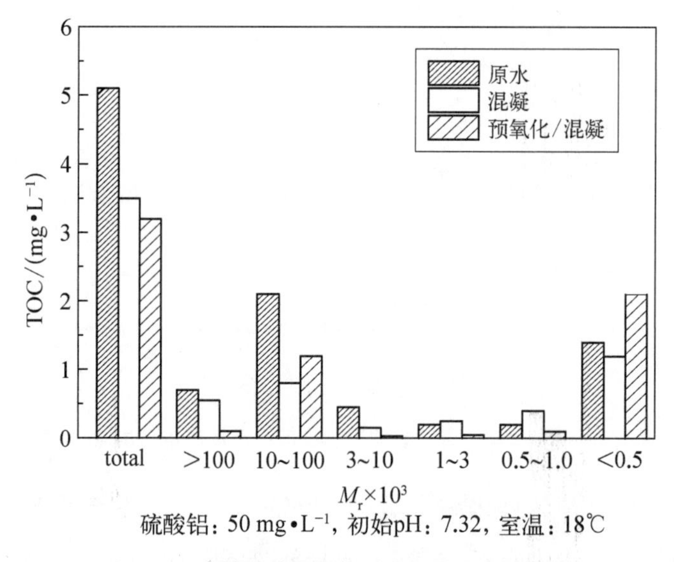

图7-9　高铁酸盐预氧化对分子量分布的影响

7.2　高铁酸盐预处理生活污水的研究进展

生活污水是居民日常生活产生的污水，包括厨房洗涤、个人清洁洗涤、厕所等排放的污水。生活污水所含的污染物主要是有机物，一般不含有毒物，水质状况与浓度在同一时间段内比较一致。

冀亚飞以徐州污水处理厂经曝气沉砂、初沉池沉淀、一级处理后的城市生活污水为研究对象，考察了高铁酸钾对COD的去除能力。实验结果显示，高铁酸钾对COD有理想的去除效能。当高铁酸钾的投加质量浓度在10 mg·L^{-1}左右时，可去除

75%以上的 COD；当高铁酸钾投加质量浓度在 10 mg • L^{-1} 时，COD 去除率可达 90%以上，其除浊效果远优于碱式氯化铝。

李金霞考察了不同高铁酸盐浓度对成分复杂的生活污水的处理效果，如表 7－2 所示。在污水中投加不同浓度的高铁酸盐，结果发现随着高铁酸根浓度的增加，COD 去除率呈逐渐增大的趋势，变化范围为 20%～35%。高铁酸根氧化有机物时其本身被还原为 Fe^{3+}，在碱性条件下以氢氧化铁形式存在，具有良好的絮凝效果，可明显降低水样的浊度。对于原水浊度为 46 NTU 的生活污水，高铁酸盐投加量为 20 mg • L^{-1} 时即可使出水浊度降低，投加量继续增大，浊度去除率增长较为平缓，高铁酸盐投加量为 40 mg • L^{-1} 时，浊度去除率为 80%。生活污水中氨氮含量很高，原水氨氮含量为 41.62 mg • L^{-1}，高铁酸盐可以部分去除污水中的氨氮。当高铁酸盐投加量为 20 mg • L^{-1} 时，氨氮去除率为 15%。氨氮去除率也随高铁酸盐投加量的增加而增大，高铁酸盐投加量为 40 mg • L^{-1} 时，氨氮去除率为 23%。由上述结果可知，高铁酸盐对生活污水的 COD 和氨氮的去除率不是很高，仅为 20%左右，这可能是由于生活污水的成分比较复杂，处理过程中的 pH 调节会使高铁酸盐快速分解等原因造成的。

表 7－2　不同高铁酸盐浓度对水质处理结果的影响

$C_{FeO_4^{2-}}$/(mg • L^{-1})	COD/(mg • L^{-1})	COD 去除率/%	浊度/NTU	浊度去除率/%	氨氮/(mg • L^{-1})	氨氮去除率/%
0	184.0	—	46	—	41.6	—
10	143.4	22	20.3	56	37.8	9
20	136.5	26	12.8	72	35.5	15
30	129.8	29	10.3	78	34.6	17
40	118.9	35	9.2	80	32.1	23

此外，李金霞将微气泡法气浮和高铁酸盐氧化联合使用处理上海曹杨净水厂的城市污水，污水先用气浮法除去大部分固体颗粒物再用高铁酸盐进行超强氧化处理，具体结果如表 7－3、表 7－4 和表 7－5 所示。结论是微气泡气浮法可以在 20 min 内将大部分的不溶性固体颗粒物除去，使污水中的悬浮物（Suspended Solids，SS）降低约 80%，浊度降低约 90%，COD 去除率约 60%。高铁酸盐作为超强氧化剂可对污水进行深度处理，氧化污水中的难降解有机物，使 COD 进一步降低，COD 去除率提高到 80%左右。这种联合处理工艺达到了预期的目的，曹杨净水厂的污水处理取得了较好的效果。

表 7-3　2006-3-13 号曹杨水样气浮处理效果

项　目	pH	SS/(mg·L^{-1})	浊度/NTU	COD/(mg·L^{-1})
气浮前	7.27	345	350	384.6
气浮后	7.15	80	46	184.0
去除率/%	—	77	87	52
高铁氧化后	7.00	—	12.8	136.5
去除率/%	—	—	72	26
总去除率/%	—	—	96	65

表 7-4　2006-3-14 号曹杨水样气浮处理效果

项　目	pH	SS/(mg·L^{-1})	浊度/NTU	COD/(mg·L^{-1})
气浮前	7.23	283	326	320
气浮后	6.91	40	29	135
去除率/%	—	86	91	58
高铁氧化后	7.00	—	15.3	38
去除率/%	—	—	47	72
总去除率/%	—	—	95	88

表 7-5　2006-3-20 号曹杨水样气浮处理效果

项　目	pH	SS/(mg·L^{-1})	浊度/NTU	COD/(mg·L^{-1})
气浮前	7.57	217	289	266
气浮后	7.08	78	78	107
去除率/%	—	64	73	60
高铁氧化后	7.00	—	10.2	63
去除率/%	—	—	87	41
总去除率/%	—	—	96	76

7.3　高铁酸盐预处理工业废水的研究进展

工业废水是指工业生产过程中产生的废水和废液，其中含有随水流失的工业生产用料、中间产物和产品以及生产过程中产生的污染物。随着工业的迅速发展，废水的种类和数量迅猛增加，对水体的污染也日趋广泛和严重，威胁人类的健康和安全。因此，对于保护环境来说，工业废水的处理比城市污水的处理更为重要。

7.3.1　高铁酸盐预处理芳烃类工业废水

目前，国内外许多水源水受到芳烃类物质污染，虽然芳烃类物质在水体中的浓度通常很低，但是常规给水处理技术的去除效果较低，同时由于苯环结构具有特殊的稳定性，芳烃类物质被氧化时可能生成系列中间产物，存在一定的环境风险，难以保障饮用水安全。

王晓东等采用自制的高铁酸钾和 CuO/TiO_2 光催化剂，以萘、菲和芘为对象，以微污染源水为载体，在源水 pH 条件下研究了不同氧化体系转化去除芳烃类物质的效果及影响因素，并以菲为研究对象，对不同氧化体系转化去除菲中间产物进行了分析，并初步探讨了不同氧化体系转化去除菲的机理。如图 7－10 和图 7－11 所示，采用高铁酸钾氧化体系转化去除芳烃类物质时发现，高铁酸钾对芳烃类物质的氧化转化过程主要发生在前 5～10 min，随着高铁酸钾投加量的增加，三种芳烃类物质的转化去除率都逐渐提升，当反应系统中高铁酸钾浓度为 10 $mg \cdot L^{-1}$ 时，菲的转化去除率最高，已达到 98%，芘和萘分别为 84%和 61%，进一步提高高铁酸钾氧化剂的投加量，其转化去除率并不能得到明显的提高。高铁酸钾体系转化去除菲的主要中间产物中 9,10－菲醌的面积百分比达到了 82.66%，是高铁酸钾转化去除菲的主要产物。实验发现，对于高铁酸钾和 CuO/TiO_2 光催化剂共同降解体系来说，高铁酸钾和 CuO/TiO_2 光催化协同在 30 min 时的转化去除率比纯高铁酸钾降解萘、菲和芘分别提高 4.72%、5.13%、4.57%。但是结合气相色谱质谱结果后发现，两种不同氧化体系转化去除芳烃类物质的氧化中间产物是有很大区别的，高铁酸钾和 CuO/TiO_2 光催化共同体系转化去除菲的过程可能为高铁酸钾迅速将菲转化为 9,10－菲醌等一些中间产物，然后由 CuO/TiO_2 光催化继续

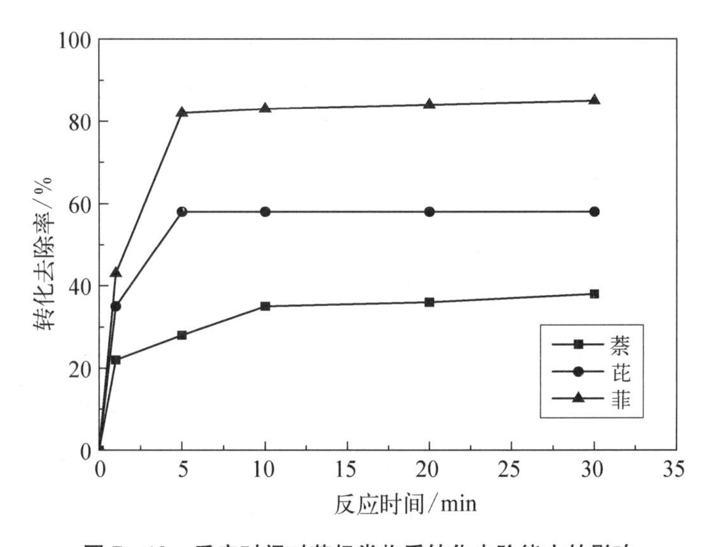

图 7－10　反应时间对芳烃类物质转化去除能力的影响

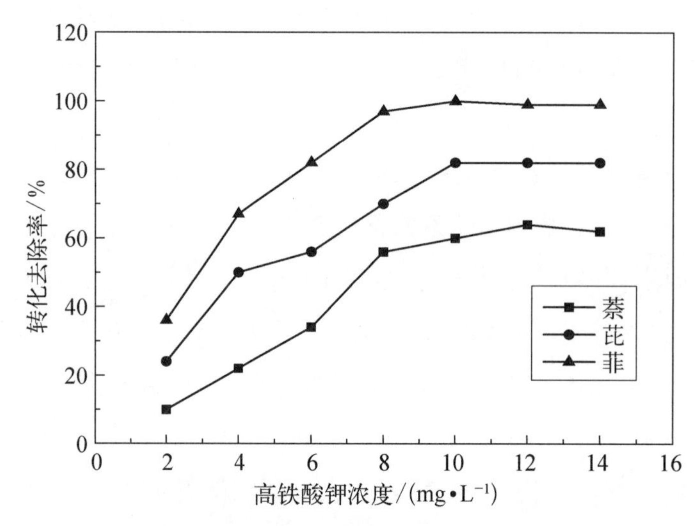

图 7-11　高铁酸钾浓度对芳烃类物质转化去除能力的影响

转化去除产生的中间产物和剩余的部分菲，直至彻底的无机化，达到了时间上的协同处理效果。

王艺霏等针对焦化废水中多环芳烃(Polycyclic Aromatic Hydrocarbons, PAHs)难以被有效去除的问题，采用高铁酸钾氧化法与 Fenton 高级氧化法联用的新技术，选择 PAHs 中的一种典型有机物菲(Phenanthrene, PHE)作为研究对象，进行烧杯实验，研究高铁酸钾-Fenton 联合氧化法去除菲的最佳反应条件以及反应动力学。结果发现：K_2FeO_4 投加量越多，有机物去除率越高，联合氧化法对菲的去除速率要优于单纯的高铁酸钾氧化法和 Fenton 高级氧化法。另外，当反应时间 t=20 min 时，联合氧化法对菲的降解率也明显高于另外两种氧化法，这说明将高铁酸钾氧化法和 Fenton 高级氧化法联合使用的确提高了对菲的去除效率，此方法对于实际焦化废水的处理具有一定的实用价值。

平成君等研究了高铁酸钾和 H_2O_2 联用对模拟含苯废水的处理效果。实验结果发现高铁酸钾与 H_2O_2 联用降解含苯废水的最佳反应条件为：高铁酸钾与苯物质的量之比为 2∶1、H_2O_2 用量为 1.2 mL、pH=3.5、反应时间为 30 min、反应温度为 40 ℃，苯去除率可达 87.5%。高铁酸钾在酸性条件下有较好的氧化性，且和 H_2O_2 的最佳反应条件相匹配，两者的协同作用明显，高铁酸钾与 H_2O_2 联用处理含苯废水，可以减少高铁酸钾的用量，降低成本，并提高苯去除率。此外，作者根据苯及苯降解反应中间产物的红外光谱分析出了如图 7-12 所示的苯降解过程示意图。

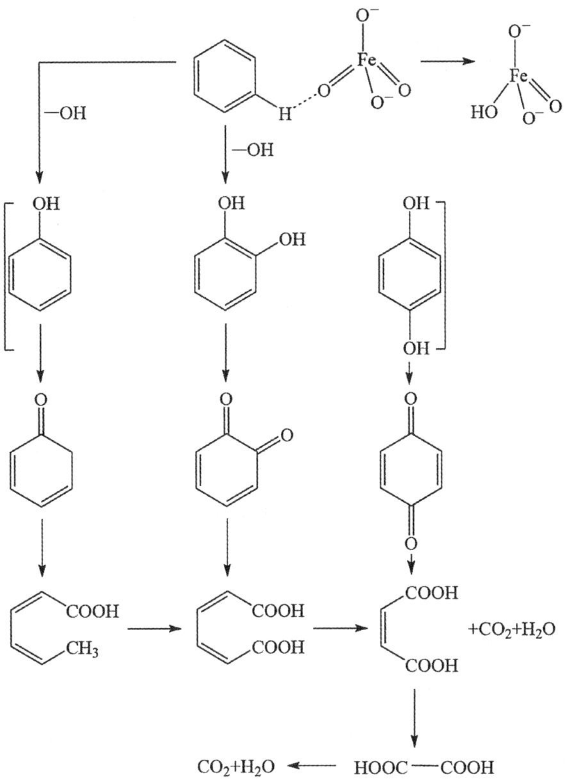

图 7－12　苯的降解过程示意图

7.3.2　高铁酸盐预处理印染类工业废水

沈希裴等对高铁酸钾与 H_2O_2 联用预处理酸性红 B 染料废水进行了研究，在 2.5×10^{-4} mol · L^{-1} 的酸性红 B 染料废水中，先加入 10^{-4} mol · L^{-1} 高铁酸钾反应 3 min，再加入 0.02 mol · L^{-1} H_2O_2，pH 控制在 3.5，废水的色度去除效率达 99%以上，COD_{Cr} 的去除效率为 75%左右。如图 7－13 和图 7－14 所示，高铁酸钾与 H_2O_2 联用降解酸性红 B，比单独使用 H_2O_2 与单独使用高铁酸钾的效果好。推测原因可能有高铁酸钾的氧化性、高铁酸钾的还原产物与 H_2O_2 形成的芬顿试剂与铁离子的絮凝综合所起的作用。本项技术可应用于印染废水的预处理，有利于后续深度处理，使废水能达标排放。

马君梅等进行了高铁酸钾预处理印染废水的可行性研究。结果发现高铁酸钾对印染废水 COD 的去除率不高，但是对色度的去除非常有效，一般在 20 mg · L^{-1} 的投加量下色度去除率可达到 90%以上。由于后续有生物处理，COD 可在该系统

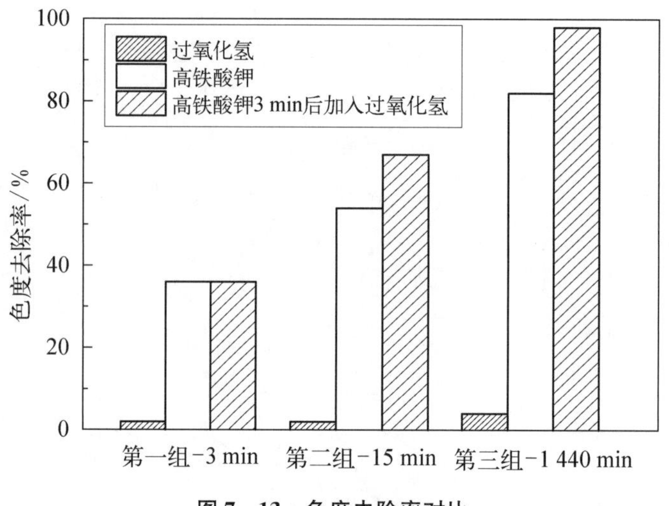

图 7-13　色度去除率对比

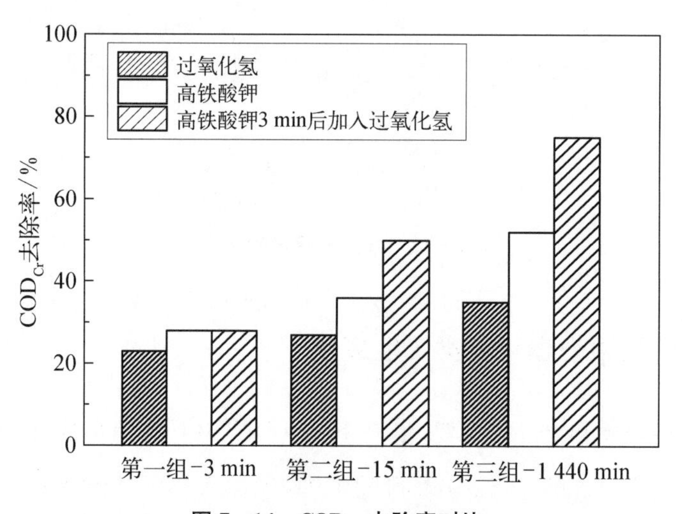

图 7-14　COD_{Cr} 去除率对比

中得以去除。高铁酸钾对重金属也有部分去除作用，从而降低了重金属对后续生物处理系统中活性生物的毒害作用。高铁酸钾分解产物不会对后续的生物处理系统产生影响，对污泥的沉降和脱水具有促进作用。此外，如表 7-6 所示，高铁酸钾处理印染废水费用相当低廉，而且脱色效率很高。单独使用 10 mg・L^{-1} 高铁酸钾对该废水色度的去除率为 78%，与 10 mg・L^{-1} 的硫酸铝配合使用后，色度去除率可达 92.6%，而且水处理的药剂费用仅为 0.021 元/吨，其相对于其他的化学混凝剂在处理色度方面有相当好的经济性。由此得出，高铁酸钾预处理印染废水是可行的。

表 7－6　印染废水水处理药剂成本

项　　目	硫酸亚铁	硫酸铝	聚合铝	聚合铁	高铁酸钾（＋硫酸铝）
投药量/($mg \cdot L^{-1}$)	500	500	50	50	10(＋10)
色度去除率/％	80.2	85.8	95.4	107	78(92.6)
药剂价格/(元/吨)	350	1 000	1 800	60	2 000
药剂成本/(元/吨)	0.18	0.50	0.18	63	0.02(＋0.001)

胡婷婷以偶氮染料甲基橙、酸性铬蓝 K、铬黑 T 作为实验研究的对象，采用高铁酸钾氧化法对它们进行降解，考察了高铁酸钾投加量、溶液初始 pH 以及反应时间这三个要素对染料脱色效果的影响。实验发现：随着高铁酸钾投加量的增加，染料的脱色率也随之提高，但当高铁酸钾投加到一定量的时候，处理后的废水由于含有过多的三价铁离子，带有黄色，从而影响了染料溶液的脱色率；在 pH＝4～8 的范围内，高铁酸钾对三种染料都有较好的脱色效果；高铁酸钾对三种偶氮染料的色度去除集中在最初的 5 min 内，20 min 后，染料溶液的脱色率趋于平缓。作者借助 TOC、UV－VIS 仪器对三种偶氮染料降解前后的情况进行了分析。如表 7－7 所示，实验发现随着高铁酸钾投加量的增加，染料溶液的 TOC 去除率也随之提高，但是和它们的脱色率相比，TOC 的去除率都比较低，说明高铁酸钾是先破坏染料的发色基团，将染料分解成小分子物质，然后再进一步将其降解为 CO_2 和 H_2O。紫外-可见光谱图中，三种偶氮染料特征吸收峰的峰高随着高铁酸钾投加量的增加，都呈下降的趋势直至消失。其中，甲基橙和酸性铬蓝 K 的降解液分别在 340 nm 和 210 nm 处有新峰出现。铬黑 T 的降解液没有新峰出现，有可能是其生成的新物质在 200～800 nm 的波长范围内没有吸收，而不是直接降解成 CO_2 和 H_2O。

表 7－7　三种偶氮燃料降解前后的 TOC

染　　料	TOC/($mg \cdot L^{-1}$)		
	原　　液	1.5 mg 高铁酸钾	3 mg 高铁酸钾
甲基橙	10.187	9.971	9.884
酸性铬蓝 K	6.416	6.136	5.644
铬黑 T	10.34	8.017	7.587

通过 GC－MS 检测出了甲基橙降解的中间产物含有对苯二酚，并以此推测甲基橙氧化降解可能经历由硝基苯类化合物到酚类化合物，再由酚类化合物被氧化开环生成有机羧酸，直至矿化成二氧化碳和水的历程。胡婷婷还对高铁酸钾处理实际印

染废水的效果进行了研究。实验发现于中性环境下投加低剂量的高铁酸钾处理30 min，可以达到脱色率95.8%、COD去除率40%的处理效果，并且将废水的BOD_5/COD由原来的0.16∶1提高为0.32∶1，大大改善了废水的可生化性。

王建家采用高铁酸钾处理猪场养殖废水，分析了高铁酸钾投加量及水样pH两种因素处理废水的效果。结果发现随着K_2FeO_4投加量的增加，COD的去除率呈现上升趋势，投加K_2FeO_4后的水样pH增大，这可能是由于提纯过程中所残留的碱造成的。在实验过程中也发现，加入K_2FeO_4后，水样中的大量悬浮颗粒物沉入底部，水样变得澄清，与初始水样形成鲜明对比。即说明K_2FeO_4不仅能氧化水中的有机物，还能起到絮凝沉降作用。一周后再观察处理水样，已经变得完全清澈，说明K_2FeO_4确实是一种很好的净水剂。在整个试验pH范围内，随pH增加COD的去除率先增大后减小。从整体看，碱性范围内K_2FeO_4降解COD的能力要强于酸性范围内，这是由于在酸性条件下，K_2FeO_4的氧化性太强，反应时间短，净水作用不能充分体现；在碱性范围内作用时间长，净化效果较好。所以K_2FeO_4降解COD的最佳pH=7.0～7.5。

第8章　高铁酸盐应用在特殊行业废水的研究

8.1　印 染 废 水

据最新资料统计，纺织印染业废水排放总量为14.13亿吨/年，占全国工业废水统计排放量的7.5%，废水排放量居全国工业行业第五位。其中印染废水每天排放量在300～400万吨，总量约为11.3亿吨/年(占纺织印染业废水的80%)，约占全国工业废水排放量的6%，已成为危害极大的重要污染源。由于印染加工工艺、加工方式及原料的不同，印染废水的水质和水量随时间和空间的变化波动比较大，一般情况下其水质如下：pH=5.0～11.0，COD_{Cr}=400～1 000 mg·L^{-1}，BOD_5=200～400 mg·L^{-1}，SS=100～3 000 mg·L^{-1}，色度为200～500倍。

印染废水具有水量大、有机污染物含量高、色度深、碱性大、水质变化大、有毒等特点，属较难处理的工业废水。印染废水中的偶氮染料能使生物致畸、致癌、致突变。其初步降解后的产物多为联苯胺等一些致癌的芳香类化合物，毒性较大。如酚类能影响水中各种生物的生长和繁殖，苯对人的神经和血管系统有明显的毒害作用。印染废水的色度很高，用一般的生化法难以去除，若直接排放，其高色度阻碍水生植物的光合作用、减少水生动物的食物来源，对水生动物的生长不利。尤其当水中的氮、磷含量高时，水体富营养化。在印染的过程中，如活性染料染色需要添加大量的硫酸盐作为促染剂，所以印染废水中含有大量的硫酸盐，它在土壤中转化为硫化物，会引起植物根部腐烂，使土壤性质恶化。重金属在印染加工中用量相对较多，例如染色工艺中常用重铬酸钾作氧化剂和媒染剂。因此，印染废水中含有铬、铜、汞等重金属盐类，用一般生化方法难以降解，它们在自然环境中能长期存在，并且会通过食物链等危及人类健康，其中Cr^{6+}被确认能致癌，应特别注意。

8.1.1　高铁酸盐对印染废水的处理

8.1.1.1　对印染废水中有机物、色度的去除

印染废水成分复杂、色度深、脱色难度大，用生物法只能去除50%左右的色度，用

化学混凝法脱色效率高，但是药剂量投加大、污泥产生量多，因此寻找一种优质高效的水处理脱色剂是处理印染废水的突破口。高铁酸钾的强氧化性能打开带色分子双键，使染料分子失去发色能力，同时能打断亲水基团与染料分子的连接键，增强染料的疏水性，使其易于在混凝阶段去除。高铁酸钾分解后生成的 $Fe(OH)_3$ 极易水解，水解产物除 $Fe(OH)_2^+$、$Fe(OH)^{2+}$ 等羟基铁离子外，条件适合时还可形成 $Fe_4(OH)_8^{4+}$ 等聚羟基阳离子。这些阳离子具有较强的絮凝能力，能使疏水性大分子从溶液中沉淀去除。

因为高铁酸钾有强氧化性，作用于可溶性的有机物，使其分解为小分子的物质或使其完全矿化；高铁酸钾分解后产生的 Fe(III) 能水解为多种可絮凝物质，例如 $Fe(OH)_2^+$、$Fe(OH)^{2+}$ 及 $Fe(OH)_4^-$ 等，絮凝功能作用于胶体态或悬浮态有机物，通过沉淀使其从废水中除去。氧化、絮凝双重功能可使废水中 COD 浓度下降。另外，高铁酸钾对难生物降解的有机物亦有一定的降解能力，只是去除率不高，需投入大量的高铁酸钾才能有部分 COD 被氧化。试验证明，COD 浓度的变化随高铁酸钾浓度的增加而降低。此外，高铁酸钾处理印染废水的效果受 pH 的影响非常明显。因为酸碱度能改变高铁酸钾的氧化势能、反应速度等，影响反应后产物的存在形式。一般来说，在酸性条件下，高铁酸钾的氧化势能高，为 2.2 V；在碱性条件下，氧化势能低，为 0.72 V。研究表明，在 pH＝6～9 的中性环境中，高铁酸钾去除印染废水中 COD 的效果最好。

用高铁酸钾处理印染废水，高铁酸钾的投加浓度为 $20\ mg \cdot L^{-1}$ 时，对于纯活性和中性染料可得到 90％以上的色度去除率。对于分散、还原等染料，虽然高铁酸钾的氧化性表现得不明显，但是对这几种染料的最终色度去除率都可达到 90％左右。活性、分散、还原、酸性、直接、中性这六大类染料在 pH＝6～7 的范围内都可得到较高的脱色率。然而，固态高铁酸钾制备成本较高，一般限于特定的用途，很难实现大规模应用。相反，高锰酸钠稳定性强、易于保存，目前已经在水处理中得到应用。试验研究发现，用高铁酸钠原液对偶氮染料酸性橙 II 的脱色效果明显优于高铁酸钾。与高铁酸钾溶液相似，高铁酸钠对印染废水的处理效果受投加量、反应时间、pH 等因素影响。

试验研究表明，高铁酸钠投加量越多印染废水色度去除率越大，如图 8－1 所示。在高铁酸钠投加量增加到 5 mL 时，色度去除率达到 80％。然而，当继续增加高铁酸钠的投加量时，脱色效果虽有进一步的提高，但程度较小。高铁酸钠的强氧化性使得其在去除污水色度的过程中被快速还原，在投加的初始阶段就能够打断溶解态的带色分子的双键，致使部分染料失去显色能力，因此在 0～10 min 内，氧化作用明显、色度去除率上升速率快；在 10～20 min 之内仍会有少量色度被去除，但作用微小，尤其是在 30 min 后，色度去除率随时间的变化曲线基本趋于水平直线。分析认为，高铁酸钠在反应后产生的氢氧化铁具有吸附、絮凝及沉降作用，使部分染料得以去除。

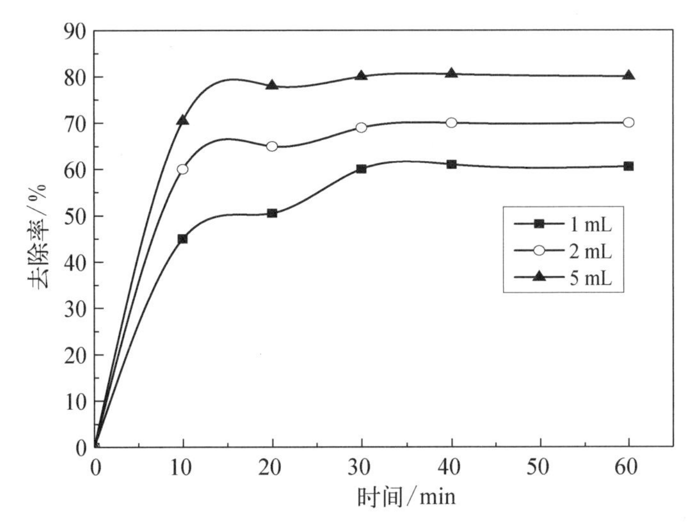

图 8-1　不同高铁酸钠投加量下印染废水色度去除率随时间的变化

高铁酸钠对染料的脱色率随 pH 的增加而降低，如图 8-2 所示。在酸性条件下，FeO_4^{2-} 具有很强的氧化能力，其氧化还原电位 $E_0=2.2$ V，因而脱色效果显著。但在碱性条件下，FeO_4^{2-} 的氧化还原电位 $E_0=0.72$ V，其氧化能力显著降低，脱色效果下

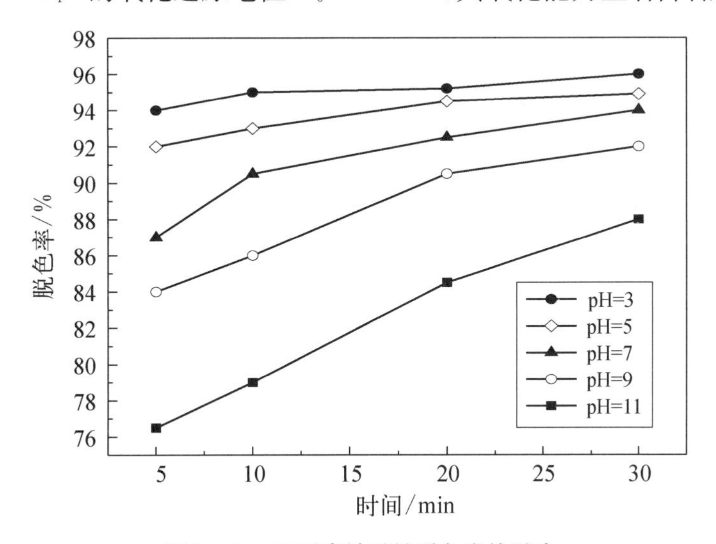

图 8-2　pH 对高铁酸钠脱色率的影响

降。但总体来看,酸性和碱性条件下高铁酸钠的脱色率和中性条件下的脱色率相比差别不大。在 pH=3～12 范围内,相对于高铁酸钾,高铁酸钠原液都保持了较强而稳定的脱色能力。虽然提高溶液酸度可以提高废水的脱色速率,但在实际应用中,由于废水的 pH 不同,如果过度提高废水酸度,会使废水处理成本增加。

8.1.1.2 对印染废水中重金属的去除

印染废水中含有多种重金属,如铬、铜、汞等,这些重金属对生物的生长不利,会使微生物中毒或死亡。高铁酸钾不仅能高效脱色,部分去除 COD,也能析出重金属,从而减少了重金属对后续生物处理系统的影响。高铁酸钾对重金属的絮凝去除效率如表 8-1 所示。

表 8-1 高铁酸钾对重金属的去除效率 ($C_{K_2FeO_4}=50\ mg \cdot L^{-1}$)

重金属	铜	锌	镉	铬	总铁
初始浓度/($mg \cdot L^{-1}$)	0.21～0.81	0.10～0.93	0.04～0.20	0.22～0.43	10.5～47.9
去除效率/%	63	79	79	49	67

高铁酸钾对铜、锌、镉、总铁的去除率可达 60%以上,对铬的去除率稍微低一些,只有 49%。同时,高铁酸钾对重金属的去除也大大降低了后续生物法处理重金属的难度。

与高铁酸钾去除重金属的原理类似,高铁酸钠可将镉氧化为更高价态的镉离子,再由高铁酸钠还原后产生的氢氧化铁胶体吸附去除。试验研究表明,高铁酸钠对重金属镉的去除率随着投加量的增加而上升。在中性条件下去除率最高,可达 88%,如图 8-3 所示。

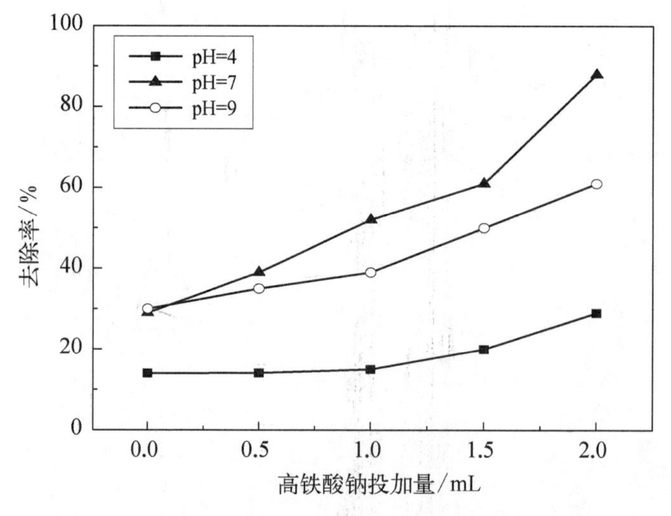

图 8-3 不同 pH 下高铁酸钠投加量对镉离子去除的影响

8.1.1.3　对污泥的二次处理

污泥是化学混凝的必然产物，混凝后产生的大量污泥成为大多数水处理的沉重负担。在选择混凝剂时，应考虑到该种混凝剂对污泥的产量及其处理会有什么样的影响。对于污泥的产量，絮凝剂的投加量是主要的影响因素。一般来说，絮凝剂投加得越多，产生的污泥也就越多，反之则少。高铁酸钾在印染废水的处理中，选择 20 mg · L^{-1} 的浓度就可得到较高的色度去除率。至于 COD，可以在后续的生物法中得以去除。为了提高混凝效能，铁盐、铝盐混凝剂投加浓度一般在 500 mg · L^{-1} 以上，混凝后污泥产生量较多。因此，用高铁酸钾处理印染废水产生的污泥量要比铁系、铝系混凝剂产生的污泥量低得多。

通常污泥在最终处理前要进行脱水，为了提高污泥的脱水性，需要采取一定的措施来改善污泥的脱水性能。(Fe^{3+} + CaO)是主要的污泥调理剂，可以作为骨架，使污泥絮体形成持久坚固的结构，在脱水时保持多孔性，阻止絮体崩溃，降低泥饼的可压缩性。高铁酸钾氧化分解后，生成物含有大量的 Fe^{3+}。Fe^{3+} 的水解产物具有混凝效果，因此处理后的废水中存在大量的游离 Fe^{3+}，如果辅以氧化钙，则可改善污泥脱水性。一般地，以铁盐作絮凝剂产生的污泥沉降性能好，易于脱水。

8.1.1.4　对后续生物处理技术的影响

一般认为，氧化技术与生物技术组配处理印染废水的可行性不大，因为氧化处理后的遗留氧化剂会杀死细菌，降低生物处理能力或使生物技术处理系统完全失效。但也有折中的办法，即限制氧化剂的用量，使其残留物不至于影响生物处理系统的正常运行。但是限量使用的氧化剂能否达到预处理的要求，这要看所选择的氧化剂、废水水质以及废水所需要处理的程度。高铁酸钾虽然氧化性高，但是在水溶液中分解很快，在酸性至中性环境中，一般在 10 min 内即可分解完全，在 pH＝9～10 的环境下，则需要 30 min 左右。印染废水 pH 一般在 6～10，这就保证了高铁酸钾强氧化作用不会对后续的生物处理技术产生影响。

小口钟虫和盖虫属(未定种)既是污泥和生物膜中重要的原生动物，也是水质良好的处理水中经常占优势的两种种属。因此，在活性污泥和生物膜中，如果小口钟虫等原生动物的增长受到抑制，那么不仅整个体系的生物数量会下降，而且处理水水质也会逐渐恶化。高铁酸钾处理印染废水选择投加的浓度较小，一般为 20 mg · L^{-1} 左右(以 K_2FeO_4 计)，约 5.66 mg · L^{-1}(以 Fe^{3+} 计)，此浓度虽然超过了小口钟虫的半致死浓度，但是在絮凝过程中，大部分铁以絮体形式从废水中析出，因此实际流出废水中的铁浓度是非常低的，远低于原生动物的半致死浓度，所以高铁酸钾的分解产物不会对生物体系产生影响。

8.1.2 高铁酸盐与其他水处理技术的联合使用

印染废水中含有染料、浆料、助剂、油剂、酸碱、纤维杂质及无机盐，其成分复杂、COD浓度高、色度深、难降解。用化学混凝法处理印染废水是目前普遍使用的有效废水处理技术，但是用单一的混凝剂难以达到最优的处理效果，研制新型、高效的复合混凝剂是解决混凝问题的重要手段。

8.1.2.1 高铁酸钾-硫酸铝联合技术

高铁酸钾-硫酸铝联合处理技术的提出主要是基于铝盐、铁盐具有良好的共沉淀效能。铝系、铁系无机絮凝剂作为无机絮凝剂的两大类已有几十年的发展历史。单纯的铁盐沉降速度快、除浊效果好，但是具有很强的腐蚀性。另外其处理后的水因Fe^{3+}存在颜色问题，其改进方法是与其他无机絮凝剂混用或作无机复式盐使用。在铝盐、铁盐水解反应中，铝盐水解成为一种$Al_{12}AlO_4(OH)_{24}$高聚物，絮体表面络合铁离子(Fe^{3+})，从而使絮体呈正电性。在水处理过程中，该带正电絮体与废水中的悬浮物、胶体发生压缩双电层及电中和作用，使废水中悬浮物和胶体颗粒之间“粘连”和“架桥”，呈“网状”。在向下沉淀过程中，对水中的杂质颗粒进行“扫络”，而使之得以去除。这种组合既能克服纯铝盐絮凝剂处理的矾花生成慢、矾花轻、沉降慢的缺点，又能克服纯铁盐絮凝剂的出水不清、色度高的缺点。试验研究表明，铝盐、铁盐的组配使用可以取得良好的效果。

高铁酸钾联合硫酸铝后对印染废水COD有较好的去除效果；对活性染料和分散染料，高铁酸钾在与硫酸铝组配使用后都较单独使用高铁酸钾或单独使用硫酸铝的脱色效果好。由此可见，在高铁酸钾联合硫酸铝处理印染废水中，硫酸铝的加入提高了废水的处理效果。

8.1.2.2 高铁酸盐-臭氧联合技术

该方法利用高铁酸钾的氧化性及絮凝性与臭氧共同作用，破坏染料的发色基团，打开芳香环，生成分子量较小且无色的降解中间产物，最终降解成为CO_2和H_2O，达到脱色和降解有机物的目的。研究表明，联合处理的脱色效果明显好于高铁酸盐单独处理或臭氧单独处理，验证了高铁酸钾-臭氧联合存在协同效应。此外，该技术处理效率高、适用性强、占地面积小、降解速度快、能耗小，能够改善染料废水的可生化性，便于后续生化处理达标排放或中水回用，适宜于难降解印染废水的预处理。

在此技术的运用过程中臭氧气速的控制至关重要。因为气速过大，将导致气泡变大、气泡停留时间变短、气泡扰动加剧、气泡的聚合现象增多、气液界面面积减小，这些对臭氧传质效果会产生负面影响，减少进入水中的臭氧量，导致处理效率下降。另外，过大的氧气流量也会将臭氧带出溶液，降低水中臭氧的溶解量。加大氧气流量，不但不会提高处理效果还会增加运行成本。研究表明，氧气流量为 80 $L \cdot h^{-1}$ 为最佳气速。此外，为了降低成本并得到最好的处理效果，高铁酸钾投加量宜为 10 $mg \cdot L^{-1}$，初始 pH＝9.0。

8.1.2.3　高铁酸盐-微波联合技术

20 世纪，微波辐射技术作为一种新型加热技术开始被引入污水、污泥的处理领域。微波具有热效应和非热效应，加热速度快、过程易于控制、有特殊的灭菌功能，是一种能够有效提高污泥脱水性能的技术。单纯使用某种污泥减量技术很难在保证污水处理达标的同时实现污泥量的减少。因此，有互补性的污泥减量耦合技术具有广阔的发展空间。高铁酸盐-微波联合技术是在高铁酸钾氧化法与微波辐射技术的基础上发展而来的新型高效氧化技术，是通过结合微波的热效应和非热效应以及高铁酸钾的氧化性来改善污泥的脱水性能。此技术具有快速、清洁和高效等优点，在减少污泥对环境危害的同时，通过降低能耗和减少药剂使用量节约污泥处理成本，是开拓印染污泥处理工艺的一条新途径。

研究发现，高铁酸盐-微波联合技术处理印染污泥，较单独使用高铁酸钾氧化法或单独使用微波调理法的脱水效果更好，这种新技术能显著提高污泥脱水性能，其中高铁酸钾起主要的脱水作用。

此外，由于良好的协同处理效果，高铁酸盐-紫外照射、高铁酸盐-超声及高铁酸盐-臭氧-过氧化氢等联合技术都得到了广泛的研究。

8.2　电镀废水

电镀是当今全球三大污染工业之一，据不完全统计，我国电镀厂约 2 万家，每年排出的电镀废水约 4 亿吨。电镀废水就其总量来说，比造纸、印染、化工、农药等的水量小，污染面相对窄。但是由于电镀厂点分布广，废水中所含的高毒物质的种类多，其对人体的危害性是很大的。未经处理达标的电镀废水排入河道、池塘、渗入地下，不但会危害环境，而且会污染饮用水和工业用水。

电镀废水是电镀过程中产生的工业废水，其主要污染物是氰化物（SCN^-）、重金属离子（Cr^{3+}、Cu^{2+}、Ni^{2+} 等）和有机添加剂（如合成洗涤剂、表面活性剂）等；另外，在电镀过程中使用强酸或强碱等物质，使得水质的成分非常复杂、毒性强，危害极大。电镀废水中氰化物以金属络合态为主，也有极少量的自由态氰化物。

随着国民经济的快速发展和我国环保事业的深入推进，对电镀废水处理的要求也越来越严格。目前，电镀废水处理主要采用氧化法，常用的氧化剂有臭氧、过氧化氢、次氯酸钠等。为了避免氰化物的挥发，破氰需要在碱性的条件下进行。而臭氧在碱性条件时已大部分分解为分子态氧，氧化能力降低；过氧化氢虽然具有较强的氧化能力，但是对 SCN^- 的处理效果不佳；传统的次氯酸钠氧化法虽然处理效果不错，但是该方法化学药剂消耗量大，出水中残留的次氯酸根会给水体带来二次污染。而且即使氧化剂过量投加，也无法使得氰化物达标，还会带来水质变黑（氢氧化镍被氧化成氢氧化高镍）、色度超标等问题。高铁酸盐是含有正六价铁的化合物，具有很强的氧化能力。同时，高铁酸盐反应后的产物为 Fe^{3+} 或者 $Fe(OH)_3$，具有很好的助凝、絮凝作用，可以进一步去除水中的污染物。

为了解决现有技术对电镀废水处理的弊端，许多国内学者进行了不断的研究和探索，发现利用强氧化性高铁酸钠制备装置进行电镀废水的处理，最终可使电镀废水达标排放。高铁酸钠处理电镀废水的装置包括高铁酸钠制备装置和与其相连的处理池，如图 8－4 所示。处理池依次包括相连通的第一氧化反应池、第二氧化反应池、聚丙烯酰胺（Polyacrylamids，PAM）反应池、第一沉淀池、曝气池和第二沉淀池。其中，高铁酸钠制备装置与第一氧化反应池的入口相连；第一氧化反应池、第二氧化反应池及 PAM 反应池均设有搅拌器；第一氧化反应池的顶部与废水输入管道相连；高铁酸

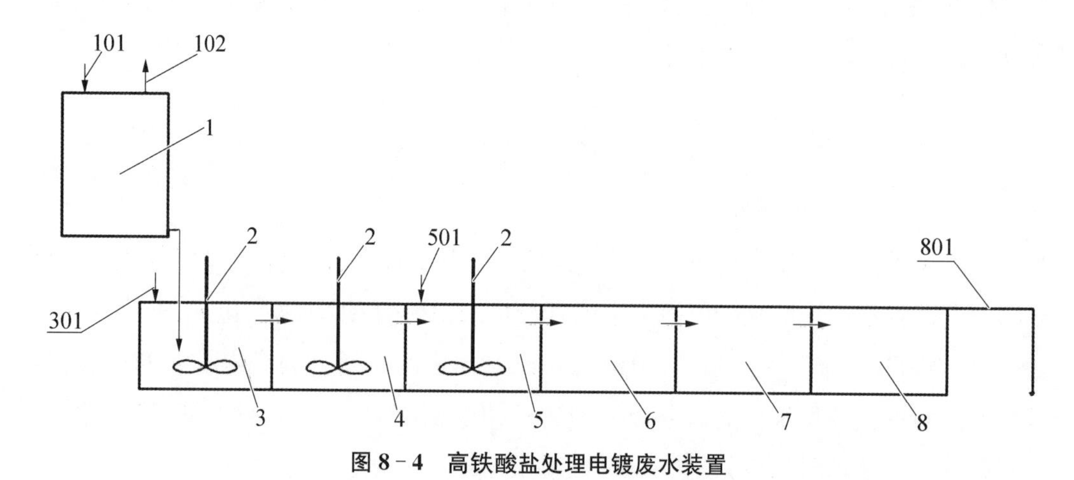

图 8－4　高铁酸盐处理电镀废水装置

1—高铁酸钠制备装置；2—搅拌器；3—第一氧化反应池；4—第二氧化反应池；5—PAM 反应池；6—第一沉淀池；7—曝气池；8—第二沉淀池；101—进料管；102—出气管；301—废水输入管道；501—PAM 加料管；801—废水排放管

钠制备装置的顶部分别与进料管和出气管相连；PAM 反应池的顶部与 PAM 加料管相连；第二沉淀池的上部与废水排放管道相连。

采用该装置处理电镀废水，处理效果显著，可以达到国家环保部门的排放要求，并且降低了处理成本，充分满足了电镀废水处理的排放要求及客户的需求，为电镀行业解决了关键技术问题。该装置处理电镀废水不仅简化了处理流程，减少了各自处理的麻烦，还通过更强的氧化剂去除 COD，这是其他处理方法无可比拟的。

8.2.1　氰化物、重金属的去除

用高铁酸钠处理低浓度含氰电镀废水，不仅安全高效，而且可以解决传统次氯酸钠氧化法破氰不完全、易将氢氧化镍氧化成氢氧化高镍的问题，处理后不会带来二次污染，是一种绿色的处理方法。高铁酸钠快速去除电镀废水中氰化物的同时，依靠反应产物的絮凝吸附作用进一步去除废水中的 Cu^{2+}、Ni^{2+}，实现了氰化物和重金属的同步去除。

8.2.1.1　pH 的影响

高铁酸盐在酸性条件下主要以 $HFeO_4^-$ 的形式存在，而在碱性条件下主要以 FeO_4^{2-} 的形式存在。研究表明，$HFeO_4^-$ 比 FeO_4^{2-} 具有更强的氧化能力。pH 对高铁酸盐氧化作用的影响很大，随着 pH 的升高，高铁酸盐氧化能力会逐渐下降。而氰化物的处理过程需在碱性条件下进行，因此电镀废水的初始 pH＞7。不同 pH 的碱性条件下，高铁酸盐对氰化物的去除率也明显不同。

经研究发现，pH＝9～10 时，高铁酸钠的稳定性较好。在 pH＜9 时，高铁酸钠极不稳定，自身分解速率快，这样发挥氧化作用的高铁酸钠少；pH＝9～10 时，高铁酸钠比较稳定，自身分解速率慢，发挥氧化作用的高铁酸钠多；pH＞10 时，尽管高铁酸钠较稳定，但是此时高铁酸钠的活性降低，氧化能力减弱。因此高铁酸钠处理电镀废水中污染物的最适 pH＝9～10。

另外，随着 pH 的增大，氰化物、Cu^{2+}、Ni^{2+} 的去除率均增大，如图 8－5 所示。pH＝7～9 时，三种污染物的去除率均呈增长趋势。在 pH＞9 时，氰化物和 Cu^{2+} 的去除率趋于稳定，而 Ni^{2+} 的去除率继续增大。高铁酸钠在偏碱性条件下对氰化物、Cu^{2+}、Ni^{2+} 的去除率显著提高。这是因为高铁酸钠虽然在酸性条件下的氧化能力极强，同时自身分解能力也很强，未来得及与污染物反应就迅速分解；而在偏碱性条件下，虽然高铁酸钠的氧化能力下降，但是高铁酸钠的稳定性明显提高。

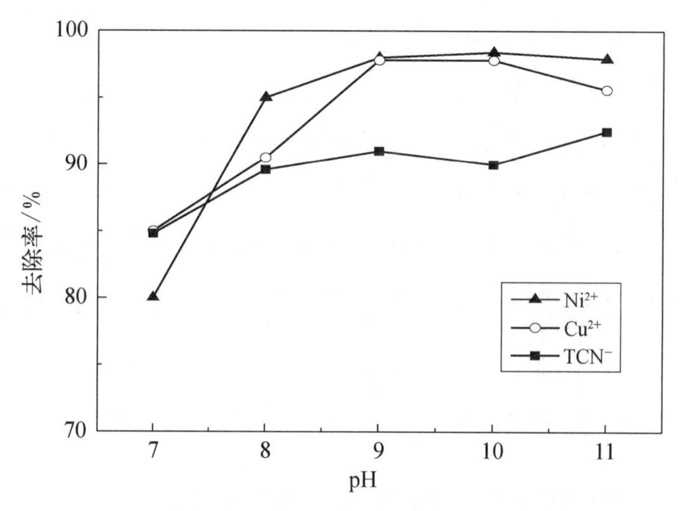

图 8-5　不同 pH 对电镀废水中污染物去除率的影响

8.2.1.2　高铁酸盐投加量的影响

当高铁酸钠投加量小于 0.024 $mmol \cdot L^{-1}$ 时，电镀废水中的氰化物、Cu^{2+}、Ni^{2+} 的去除率随着高铁酸钠投加量的增加而显著增大，如图 8-6 所示。高铁酸钠首先和废水中的氰化物发生氧化还原反应，自由态氰直接被氧化，络合态的氰被氧化从而破除络合态。这个过程将络合态中的 Cu^{2+}、Ni^{2+} 释放成为离子态，因为溶液呈碱性状态，所以 Cu^{2+}、Ni^{2+} 形成沉淀从而被去除。另外，高铁酸钠反应后生成的 $Fe(OH)_3$ 具有很好的絮凝作用，能够将形成的小颗粒絮凝成大颗粒而易被截留，且这种作用随着高铁酸钠投加量的增加而增强。因此，高铁酸钠同时发挥出了氧化和絮凝双重作用，实现了氰化物和重金属的同时去除。

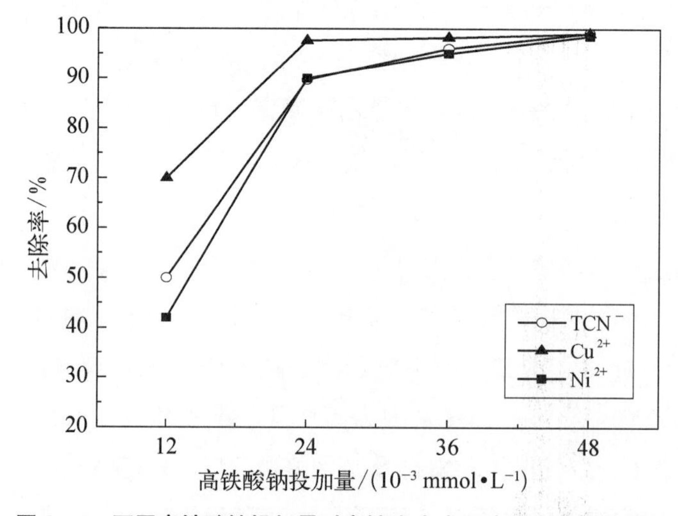

图 8-6　不同高铁酸钠投加量对电镀废水中污染物去除率的影响

研究表明，高铁酸钠投加量大于 0.024 mmol·L^{-1} 时，随着高铁酸钠投加量增加到 0.048 mmol·L^{-1}，污染物的去除率变化不明显。这是因为电镀废水中可能还含有其他稳定形态的氰化物，如铁氰化合物，这些稳定的氰化物很难被氧化剂氧化。而 Cu^{2+}、Ni^{2+} 的去除率和氰化物的去除率有着密切的联系，如果电镀废水中氰化物以络合态存在，Cu-CN、Ni-CN 是可溶物质，在没有被氧化破除络合态之前，络合态的金属离子 Cu^{2+}、Ni^{2+} 不会形成沉淀而被去除。所以，再加入高铁酸钠也不能继续氧化破除络合态的氰化物，Cu^{2+}、Ni^{2+} 的去除作用也就受到了影响。因此，高铁酸钠的最佳投加量为 0.024～0.048 mmol·L^{-1}，这时三种污染物的去除率均达到 90%以上。

投加高铁酸钾对低浓度污染物的电镀废水处理效果显著，仅投加 0.007 2 mmol·L^{-1} 的液体高铁酸钾，三种污染物的去除率都接近于 100%，如图 8-7 所示。但当高铁酸钾的投加量大于 0.009 6 mmol·L^{-1}，三种污染物的去除率有明显下降，这是由于电镀过程中大量地使用光亮剂和添加剂，具有还原性的光亮剂和添加剂会消耗高铁酸钾。高铁酸钾能够有效地氧化多种络合态的氰化物，包括 $Cu(CN)_4^{3-}$、$Cu(CN)_4^{2-}$、$Ni(CN)_4^{2-}$ 等。高铁酸钾可以破除络合态的氰化物，使废水中的重金属转变为离子态，在碱性条件下，通过高铁酸盐的还原产物氢氧化铁的助凝和絮凝作用，反应生成沉淀，从而达到同时去除氰化物和重金属的目的。研究表明，高铁酸钾氧化去除 M-CN（M 为重金属）是一个快速高效的反应，高铁酸钾对几种 Cu-CN 和 Ni-CN 的反应方程式如下：

$$5HFeO_4^- + Cu(CN)_4^{3-} + 8H_2O \longrightarrow 5Fe(OH)_3 + Cu^{2+} + 4CNO^- + 3/2O_2 + 6OH^- \quad (8.1)$$

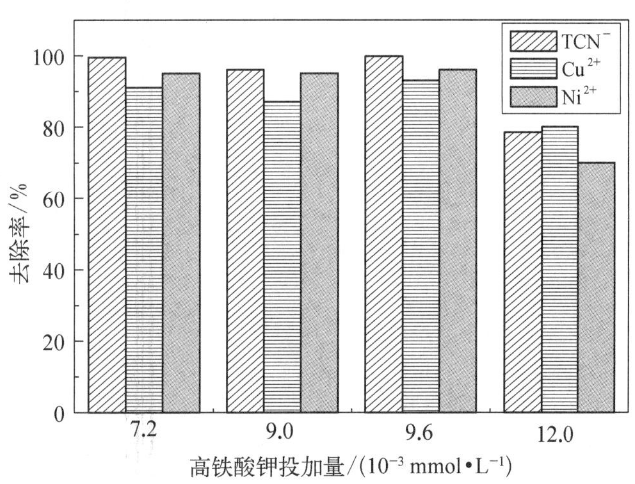

图 8-7　高铁酸钾处理低浓度电镀废水中污染物的去除率

$$4HFeO_4^- + Ni(CN)_4^{2-} + 6H_2O \longrightarrow 4Fe(OH)_3 + Ni^{2+} + 4CNO^- + 4OH^- + O_2 \tag{8.2}$$

可见，高铁酸盐能够有效地同时去除电镀废水中的氰化物和重金属，在整个过程中，高铁酸盐能够同时发挥氧化、絮凝、共沉淀多种协同作用，是一种高效的多功能氧化剂。

8.2.2 有机物的去除

电镀产品在清洗过程中会产生大量的清洗废水，而这种废水中含有大量的合成洗涤剂和表面活性剂，这些物质很难被生物氧化，因此，属于难降解的工业废水，在我国环境标准中被列为第二类污染物质。

8.2.2.1 pH 的影响

研究发现，只有当 pH=2 左右时，高铁酸钾对废水的 COD 才有去除效果，而在 pH≥3 时甚至出现 COD 负去除的情况。如图 8-8 所示，pH=1.8～2.2 时，COD 去除率较高，pH<1.8 时，COD 去除率反而降低。这是因为高铁酸根在不同酸碱条件下可氧化分解的物质不同，当 pH≤1.8 时，水中的 FeO_4^{2-} 迅速分解，且酸性越强，分解速度越快，从而导致高铁酸盐不能有效发挥其氧化能力。因此，用高铁酸钾氧化处理电镀行业清洗废水对 pH 的要求较为苛刻。

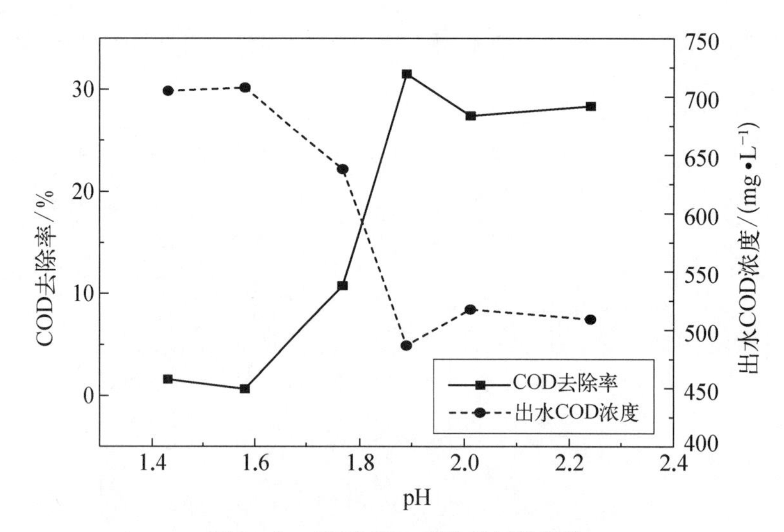

图 8-8 pH 对 COD 去除效果的影响

8.2.2.2 高铁酸钾投加量的影响

当高铁酸钾投加量为 3～5 g・L^{-1} 时，COD 去除率较低且相差不大，大约为 10%左右。如图 8-9 所示，起初，随着高铁酸钾投加量的增加，COD 的去除率也随之迅速提高。随着投加量进一步增加，COD 去除率有一个下降过程，这可能是因为废水中可降解的大分子或某些难降解的大分子有机物被打碎成小分子有机物，增加了处理废水中的 COD 浓度，从而导致 COD 的去除率下降。当继续增大高铁酸钾的投加量，中间产物被降解，COD 去除率又呈现上升趋势。

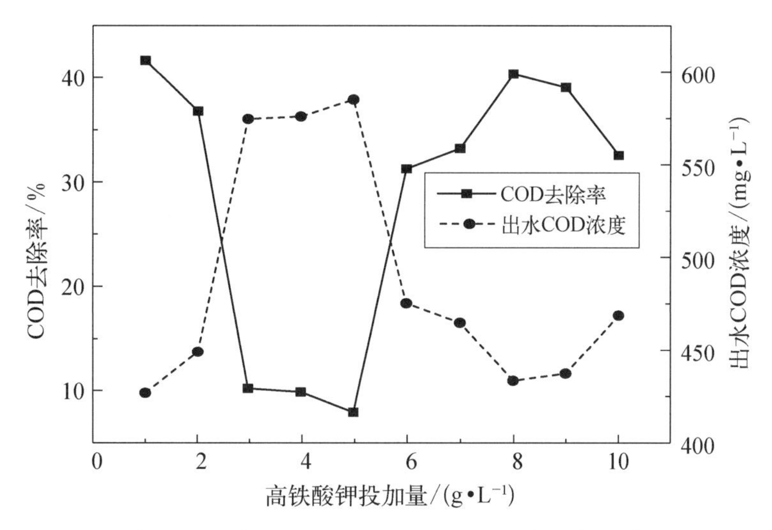

图 8－9　高铁酸钾投加量对 COD 去除效果的影响

8.2.2.3　反应时间和投加方式的影响

实验研究发现，反应 30 min 后，COD 去除率达到 35.3%，继续延长反应时间，去除率提高缓慢。如图 8－10 所示，反应至 2 h 时，COD 去除率达到 41.9%，之后，COD 去除率反而下降。

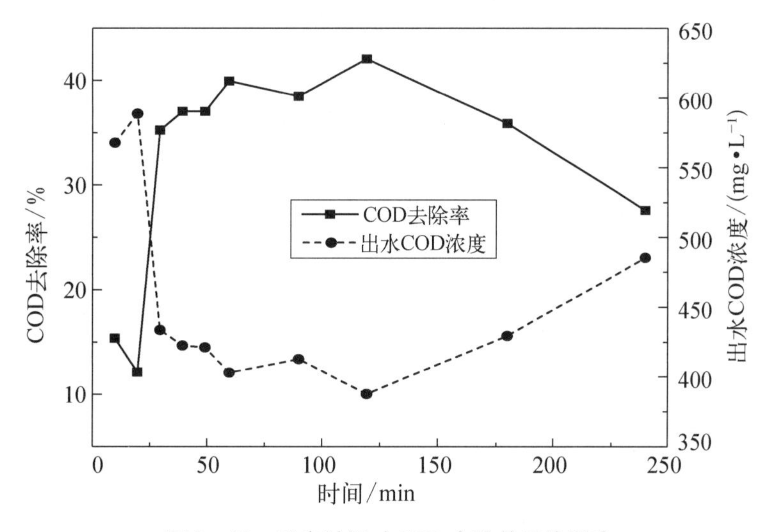

图 8－10　反应时间对 COD 去除效果的影响

另外,如图 8－11 所示,高铁酸钾分次投加比单次投加时 COD 去除率约高出 10%左右。主要原因是由于高铁酸钾在酸度较高的情况下迅速分解,虽然分解后其氧化性仍然存在,但是已经不能被充分利用。总体来说,分次投加能够更有效利用高铁酸钾的氧化性。

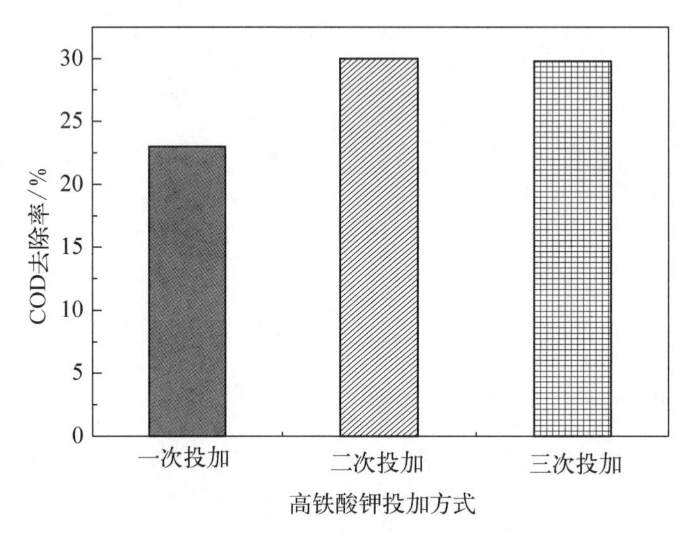

图 8－11　高铁酸钾不同投加方式对 COD 去除效果的影响

8.3　制药废水

制药废水普遍具有成分复杂、有机物含量高、生物可利用性差、毒性大等特点,常规处理手段难以有效处理。随着制药废水排放量的日益增加和废水排放标准的日趋严格,开发高效、低成本的制药废水处理技术已成为目前水处理领域研究的重要课题之一。

此外,医院污水或其他医疗机构排出的污水可能含有多种传染性病菌、病毒,如不经消毒处理直接排入水体,可能引起水源污染和传染病的流行。目前,医院污水处理中采用的消毒剂有液氯、NaClO、ClO_2 和 O_3。以往的研究表明,污水经氯化消毒后有机卤化物增加,Ames 试验(污染物致突变性检测)已证明其有致突变作用。另外,当出水余氯量对排入水体环境和水生物生存造成不利影响时,污水需要进行脱氯处理。国家标准中规定医院污水经氯化消毒后余氯含量应为 4～5 mg・L^{-1}。采用 ClO_2 和 O_3 消毒不会产生有机卤化物,但 ClO_2 在水中的副产物 ClO_2^- 是强致癌物质,ClO_3^- 也有一定的毒性。O_3 消毒的缺点是设备投资及运行费用比一般消毒方法高，而且 O_3 在水中溶解度低，往往会因尾气处理不当而造成空气污染。

高铁酸盐是一种优良的非氯消毒药剂，具有良好的杀菌、杀病毒及去除有机物的效果。

8.3.1 pH 的影响

研究发现，$NaFeO_4$ 在酸性条件下，杀菌效果最差；在强碱性条件下，杀菌效果较好；在弱碱性条件下，杀菌效果最好。pH=7～14 时对 $NaFeO_4$ 溶液的杀菌效果无明显影响，如表 8-2 所示。一般认为 FeO_4^{2-} 的杀菌机理是基于氧化作用。因此，$NaFeO_4$ 溶液的氧化还原电位越高，其杀菌能力也越强，但 $NaFeO_4$ 的分解作用显然会影响其实际杀菌能力。FeO_4^{2-} 在碱性条件下较为稳定，在酸性条件下瞬间分解。这两种因素的共同作用导致 $NaFeO_4$ 溶液在 pH=7～14 之间杀菌效果无明显变化。

表 8-2　pH 对杀菌效果的影响

编　　号	1	2	3	4	5
pH	7	8	10	12	14
Na_2FeO_4 投加量/(mg·L^{-1})	10	10	10	10	10
接触时间/min	10	10	10	10	10
剩余细菌总数/(个·mL^{-1})	300	1 600	1 300	200	1 200
杀灭率/%	99.3	96.4	97.0	99.5	97.3
反应前 *ORP* 值/mV	<−50	<−50	<−50	<−50	<−50
反应后 *ORP* 值/mV	450	350	305	220	170

这可能是由高铁酸盐本身的性质决定的。在酸性介质下，高铁酸根的氧化还原电位较高；碱性介质下，氧化还原电位较低。一般认为高铁酸盐的杀菌机理在于它的氧化作用。氧化还原电位越高，其杀菌能力越强，杀菌效果越好。但高铁酸钠中的高铁酸根，在水溶液中很不稳定，极易分解、放出氧气，并析出絮状的氢氧化铁。

$$4FeO_4^{2-}+10H_2O \longrightarrow 4Fe(OH)_3+8OH^-+3O_2 \tag{8.3}$$

在酸性介质中，高铁酸根更不稳定。因此，在酸性条件下，高铁酸钠的杀菌效果不是最好反而是最差的。显然，高铁酸钠的分解作用影响了其实际的杀菌能力。而在强碱条件下，高铁酸钠的氧化还原电位较低，故杀菌效果也不是最好的。高铁酸盐化合物在碱性条件下较为稳定，在酸性条件下氧化还原电位较高，这两种因素的共同作用导致高铁酸盐溶液在弱碱（pH=8 左右）条件下的杀菌效果最好。

8.3.2 高铁酸盐投加量和反应时间对杀菌效果的影响

一般来说，高铁酸盐杀菌效果均随着其投加量的增多和反应时间的延长而提高。如表 8-3 所示，当 $NaFeO_4$ 的投加量在 0.25～2.00 mL 之间，细菌存活率大约在 0～0.138%，其杀菌率均在 99%以上。如表 8-4 所示，当投加量为 0.50 mL，反应时间为 5 min 时，细菌和大肠杆菌的杀灭率均在 99%以上，大肠杆菌剩余为 300 个 · L^{-1}，达到国家排放标准的要求。

表 8-3 高铁酸钠投加量对杀菌效果的影响

编 号	1	2	3	4
Na_2FeO_4 投加量/mL	0.25	0.50	1.00	2.00
反应菌液/mL	10	10	10	10
接触时间/min	5	5	5	5
pH	8	8	8	8
剩余细菌总数/(个 · mL^{-1})	70	35	10	0
细菌存活率/%	0.138	0.069	0.002	0
细菌杀灭率/%	99.862	99.931	99.998	100
剩余大肠菌群总数/(个 · mL^{-1})	1 100	300	0	0
大肠杆菌存活率/%	0.037	0.01	0	0
大肠杆菌杀灭率/%	99.963	99.99	100	100

表 8-4 反应时间对杀菌效果的影响

编 号	1	2	3	4
接触时间/min	1	2	5	8
高铁酸盐投加量/mL	0.5	0.5	0.5	0.5
反应菌液/mL	10	10	10	10
pH	8	8	8	8
剩余细菌总数/(个 · mL^{-1})	153	90	50	15
细菌存活率/%	0.263	0.156	0.100	0.026
细菌杀灭率/%	99.737	99.844	99.900	99.974
剩余大肠菌群总数/(个 · L^{-1})	45 000	4 500	300	0
大肠杆菌存活率/%	1.800	0.180	0.012	0
大肠杆菌杀灭率/%	98.200	99.820	99.988	100

8.4　垃圾渗滤液和油田污水

8.4.1　垃圾渗滤液的处理

随着城市化进程的推进、工业规模的扩大、人口的持续增长,我国城市固体废物的产量在持续增加。全球的城市固体废物都采用填埋的方式来处理,因此城市固体废物垃圾的卫生填埋仍将是处理生活垃圾的主要方式。废弃物在填埋过程中会产生垃圾渗滤液,其中含有大量污染物。垃圾渗滤液的组成成分十分复杂,大致可分为化学成分和微生物成分。化学成分包括有机物、无机离子和氨氮、重金属离子等,如表8-5所示。其中有机化合物通常被分为三类:① 低相对分子量(小于500)的脂肪酸;② 中等相对分子量(500~1 000)的灰黄霉酸类物质;③ 腐殖质,即高相对分子量(10 000~100 000)的碳水化合物类物质。在渗滤液的微生物组成中,最常见的细菌种类是杆菌属的棒状杆菌和链球菌。如果将工业产生的废物填入垃圾填埋场内,垃圾渗滤液中还将会含有毒的无机物和有机物,导致土壤被严重污染。

表8-5　垃圾渗滤液中污染物及其浓度

污染物	浓度变化/($mg \cdot L^{-1}$)	污染物	浓度变化/($mg \cdot L^{-1}$)	污染物	浓度变化/($mg \cdot L^{-1}$)
COD_{Cr}	100~90 000	BOD_5	40~73 000	pH	5~8.6
TS	0~59 200	SS	10~7 000	VFA	10~1 702
NH_4^+-N	6~10 000	NO_x^--N	0.2~124	TP	0~125
Cl^-	5~6 420	SO_4^{2-}	1~1 600	Mn	0.07~125
Fe	0.05~2 820	Ca^{2+}	23~7 200	Zn	0.2~370
Mg	17~1 560	Cu	0~9.9	TCr	0.01~8.7
Cd	0.003~17	Pb	0.002~2	大肠菌群值/(个$\cdot L^{-1}$)	23 000~2.3×10^8

垃圾区周围的土壤受垃圾渗滤液的侵蚀,其养分的含量增高,酸性增大,且土壤会受到垃圾渗滤液中重金属的污染,导致土壤的性状发生明显改变。当渗滤液进入到土壤后,大量的氨态氮未能被土壤胶体吸附转化,随着渗滤液的继续迁移转移到地下水中,最终导致地下水被氨态氮严重污染。垃圾渗滤液中的有机污染物在土壤中很难挥发和降解,不仅会杀死土壤中的微生物,在植物体内蓄积、阻碍植物生长以及发育,还会改变土壤的结构和性质,破坏土壤的抗侵蚀能力,进而破坏生态环境。

经传统生物技术处理后，垃圾渗滤液的 COD_{Cr}、BOD_5 均可降到 1 000 mg・L^{-1} 以下，其他污染物也可在一定程度上得以去除，但仍难达标排放。剩余有机污染物基本上是难以生物降解的。它们的成分复杂，多为腐殖酸类污染物。试验研究表明，高铁酸钾对垃圾渗滤液中氨氮化合物具有非常好的去除效果，对废水中 COD_{Cr}、BOD_5 以及重金属也有一定的去除效果，如表 8－5 所示。

8.4.1.1　对有机物的去除

由于渗滤液中含有大量的有机污染物如腐殖酸等，导致渗滤液中 COD_{Cr} 浓度高。研究发现，当 $COD_{Cr}<200$ mg・L^{-1} 后，高铁酸钾对渗滤液 COD_{Cr} 的去除率明显降低，如图 8－12 所示。要使渗滤液 COD_{Cr} 达到一级排放标准，高铁酸钾的投加量将增加约 5.5 倍，这说明高铁酸钾对污染物的氧化降解能力是有选择性的。当渗滤液中的污染物被降解到一定程度后，高铁酸钾对剩余污染物的氧化降解能力不强，这些物质一部分可能是渗滤液中原来存在的，一部分是污染物经高铁酸钾氧化分解的产物。随着高铁酸钾的不断加入，高铁酸钾过量，渗滤液颜色变红，COD_{Cr} 去除率上升。

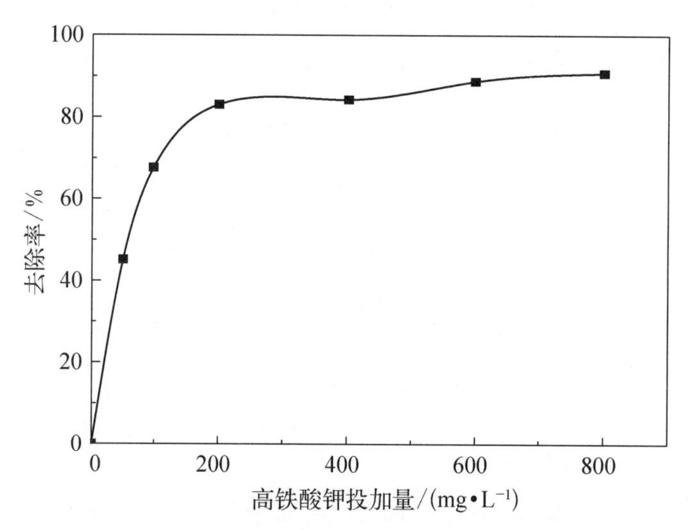

图 8－12　高铁酸钾投加量与 COD_{Cr} 去除率关系曲线

另外，试验研究发现，高铁酸钾加入渗滤液后的搅拌速率也会影响 COD_{Cr} 的去除率。快速搅拌可使高铁酸钾溶液与渗滤液混合均匀，促使高铁酸钾和渗滤液中还原性物质快速、完全地进行反应；慢速搅拌可使溶液中形成吸附力强的絮体，使混凝除污的效果更佳。但试验研究表明（如图 8－13 和图 8－14 所示），快速搅拌时，去除率有明显的下降趋势，这可能是因为快速搅拌影响了絮体的形成，不利于混凝过程中阴阳离子、有机物等吸附，从而导致去除率偏低。此外，由于高铁酸钾在不同 pH 条件下的氧化还原电位不同，高铁酸钾对 COD_{Cr} 去除率在酸性或中性条件下明显高于碱性。

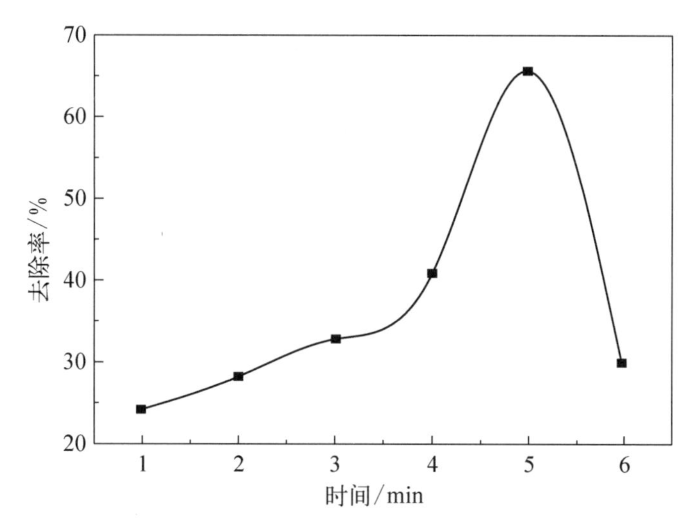

图 8-13　快速搅拌时间与 COD_{Cr} 去除率关系曲线

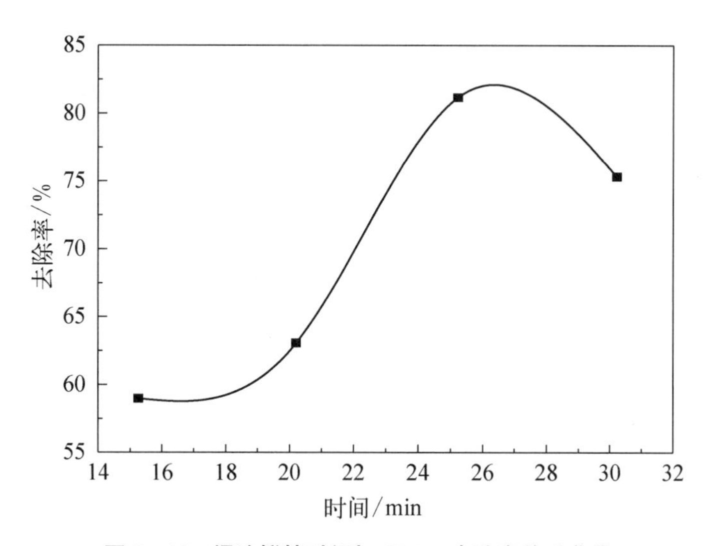

图 8-14　慢速搅拌时间与 COD_{Cr} 去除率关系曲线

8.4.1.2　对氨氮(NH_3-N)的去除

氨氮可以被高铁酸钾氧化成亚硝酸盐氮、硝酸盐氮、氮气等。高铁酸盐氧化氨氮的反应机理如下：

$$NH_4^+ + H_2O \rightleftharpoons NH_{3(aq)} + H_3O^+ \tag{8.4}$$

$$NH_{3(aq)} \rightleftharpoons NH_{3(gas)} \tag{8.5}$$

$$2NH_{3(gas)} + 1.5O_{2(gas)} \longrightarrow N_{2(gas)} + 3H_2O \tag{8.6}$$

$$O_{2(gas)} \rightleftharpoons O_{2(aq)} \tag{8.7}$$

$$O_{2(aq)} + 2e \rightleftharpoons 2O\cdot \tag{8.8}$$

$$NH_4^+ + O\cdot \longrightarrow NH_3OH^+ + e \tag{8.9}$$

$$NH_3OH^+ + H_2O \rightleftharpoons NH_2OH + H_3O^+ \tag{8.10}$$

$$NH_2OH + e \longrightarrow NH\cdot + H_2O \tag{8.11}$$

$$NH\cdot + O\cdot \longrightarrow HNO\cdot + e \tag{8.12}$$

$$HNO\cdot + NH\cdot \longrightarrow N_2 + H_2O + 2e \tag{8.13}$$

$$HNO\cdot + O\cdot \longrightarrow HNO_2 + 2e \tag{8.14}$$

$$HNO_2 + H_2O \rightleftharpoons NO_2^- + H_3O^+ \tag{8.15}$$

$$NO_2^- + O\cdot \longrightarrow NO_3^- + e \tag{8.16}$$

研究发现,高铁酸钾能有效去除水样中的 NH_3-N。然而,随着高铁酸钾投加量的增加,渗滤液中的 NH_3-N 含量并不是一直降低的。如图 8-15 所示,高铁酸钾投加量约为某一特定值时,曲线出现峰值,随后渗滤液中 NH_3-N 含量随高铁酸钾投加量的增加呈下降趋势。这可能是由于渗滤液是一个复杂的体系,一部分氨氮被氧化的同时,又有含氮有机物降解产生大量氨氮,从而增加溶液中氨氮的含量。随着高铁酸钾投加量的增加,氨氮继续被氧化,从而增加了溶液中氨氮含量。

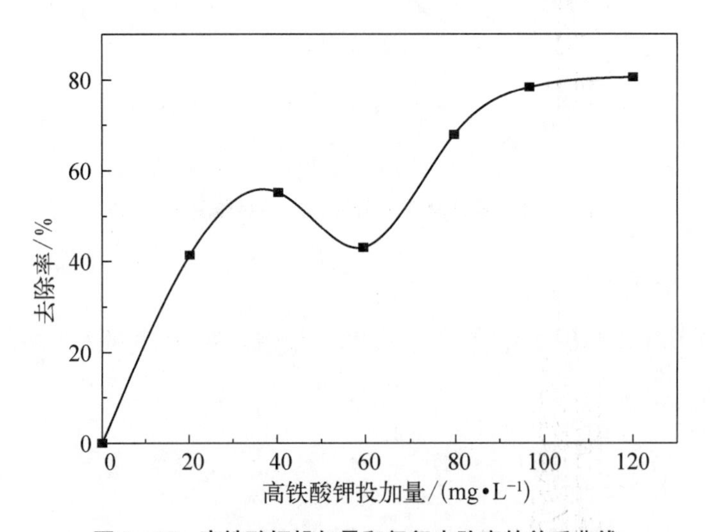

图 8-15　高铁酸钾投加量和氨氮去除率的关系曲线

在废水溶液的 pH=6，出水 pH=8 的时，NH_3－N 去除率可达到最大，然后随废水溶液 pH 的升高而降低，如图 8－16 所示。这可能是由于在该 pH 条件下，高铁酸钾的氧化性强，能充分地将 NH_3－N 氧化，同时也有利于游离态氨的形成，搅拌时氨气逸出，从而去除氨氮物质。如图 8－17 所示，出水 pH 随进水 pH 的增加而上升。pH 升高有利于混凝除去 NH_3－N。然而，过高的 pH 对 NH_3－N 的去除不利，这可能是由于在强碱性条件下，高铁酸钾的氧化能力降低，不利于氧化去除氨氮。

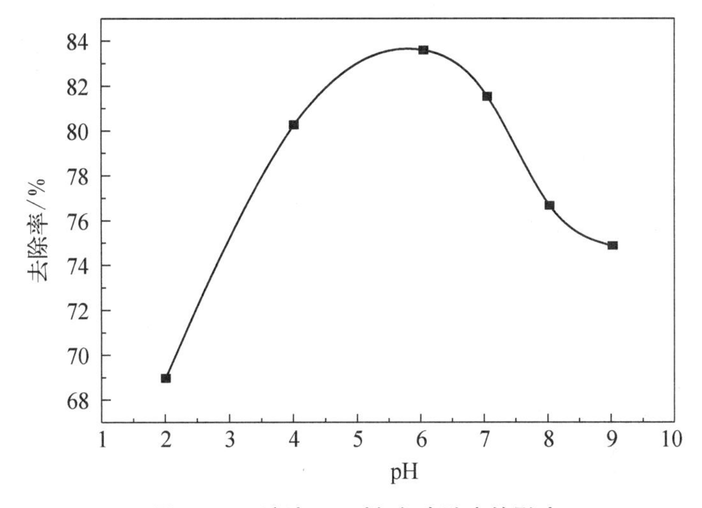

图 8－16　溶液 pH 对氨氮去除率的影响

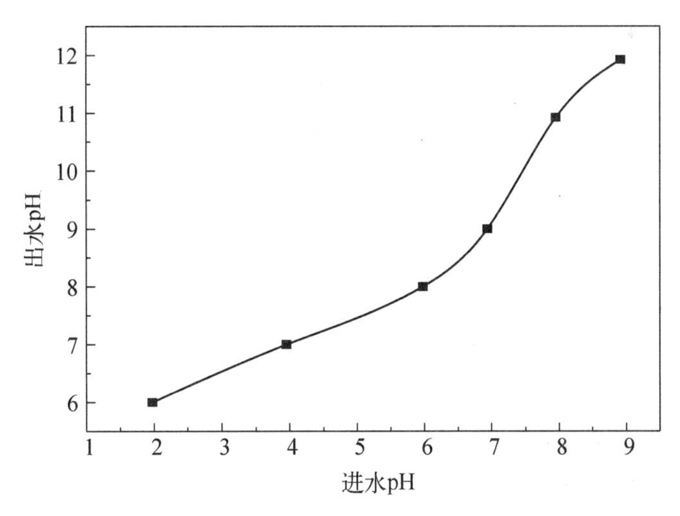

图 8－17　出水 pH 随进水 pH 的变化情况

8.4.1.3　对重金属及滤液色度的去除

渗滤液化学组成中的腐殖质分子结构中含有多种基团，如羧基、酚羟基、氨基、羰基等，使腐殖酸表面带有较大的负电性，可以和重金属离子发生螯合作用形成络合物或者螯合物，这类物质不能被具有置换作用的阳离子所置换。络合反应使重金属容易保持溶解状态，并随水流迁移且易被生命有机体吸收，从而减少了重金属离子进入固定相的可能性。此外，腐殖质分子的各种基团能吸收不同波段的光，其颜色从黄色至黑色，这是导致垃圾渗滤液有色度的主要原因。同时垃圾渗滤液中某些金属离子的存在也可能会增加垃圾渗滤液的色度。

试验研究表明，高铁酸钾对渗滤液的重金属有良好的去除效果。通过氧化腐殖酸的某些官能团而降低腐殖酸对重金属的络合作用，另外，高铁酸钾分解后产生的氢氧化铁胶体能够吸附与重金属发生络合的腐殖酸，从而提高了对重金属的去除效率。当高铁酸钾投加量小于某一特定值时，渗滤液中无明显沉淀物产生。这说明，在这一过程中，色度的去除主要是由于高铁酸钾氧化渗滤液中有机物，破坏其官能团。随着高铁酸钾投入量的增加，渗滤液中出现沉淀物，从细小颗粒物到絮状沉淀不断变化。在这个过程中，色度的去除不仅是由于高铁酸钾的氧化性，还由于高铁酸钾的混凝作用，渗滤液中一些显色的金属离子和有机物通过混凝得以进一步去除。

8.4.2 油田污水

8.4.2.1 油田污水的成因及组成

在油田开采过程中，都要伴随一些水的生成，这部分水随着油气一起采出。在油、气外运之前，由脱水装置将水从油气中脱出，这部分水即油田含油污水。这类水主要是污染物石油类。近年来，在我国油田的开发过程中，采用了聚合物驱三次采油新技术，取得了良好的效果，但随之而来的问题是含聚丙烯酰胺(PAM)污水的处理。含PAM污水相比于其他三种形式的污水(普通油田采出水、洗盐污水和洗井水)，是排出量最大的污水。其具有高矿化度(3 000 mg・L^{-1} 以上)、高含油量(1 000～5 000 mg・L^{-1})、高固体含量(50～100 mg・L^{-1})，并且这三个指标变化很大，不同油田相异，各站也相异。含 PAM 污水是一类比较复杂、特殊的污水：由于聚合物驱采油污水本身特点，在分离和电脱水过程中使得油水分离速率减慢，油包水型乳状液和水包油型乳状液混合乳化层加厚，破乳剂的破乳效果变差，电脱水难度增大。采用目前的常规处理方法(如电化学、沉降与过滤等)，效果不甚明显。因此，有效地处理聚合物驱采油污水正逐渐引起人们的重视。

污水处理的关键是除油(原油中有 10%左右的 0.001～10 μm 的浮化油)。例如泥沙、结垢产物和细菌有机物等的悬浮固体(颗粒粒径在 1～100 μm 的不溶水固体粒子)和胶体(粒径在 0.001～1.0 μm)，在除油的过程中也可得到相应的去除。

我们认为聚合物是两亲性分子，与天然乳化剂分子相似，吸附在油/水界面，与乳化剂一起组成油/水界面的复合膜，如图8-18所示。由于聚合物具有良好的柔韧性，所以形成的界面膜具有较大的强度和良好的弹性，破除此膜更难。含油污水的处理关键就是破坏、去除在油/水界面膜上形成的物质——天然乳化剂和聚合物，也就是加入一种物质，能够进入油/水界面膜，捕捉、破坏PAM分子，破坏油/水界面膜，达到破乳作用。因此，必须采用特殊的处理技术，而高级氧化技术可以实现这一目的。有机污染物在氧化剂作用下有望被矿化为CO_2、水及其他无机物，从而最终实现污染物的无害化处理。

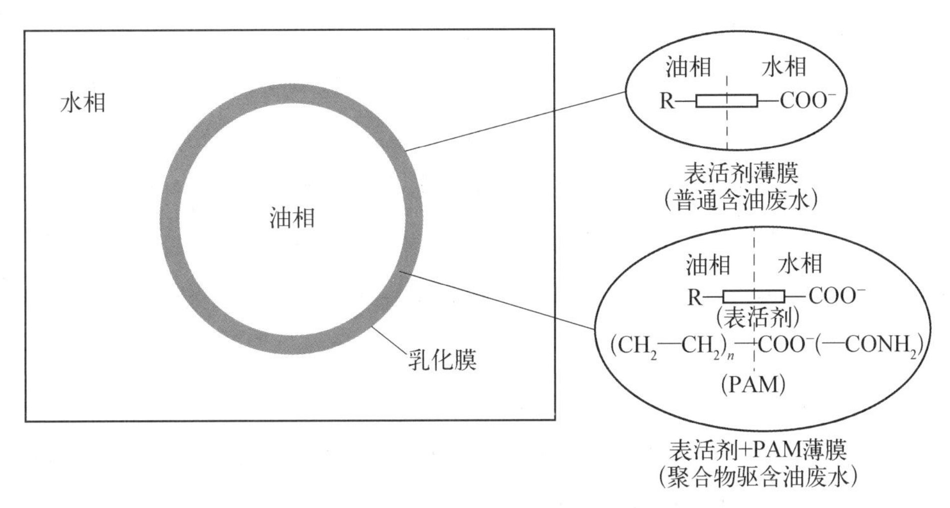

图8-18　油和PAM在污水中的存在形式及乳化机理

8.4.2.2　油田污水的处理方法

普通油田污水的处理技术主要采用物理方法，包括自然沉降、混凝、斜板除油、粗粒化除油、过滤除油等。

由于聚合物对油水分离的阻碍作用，油水分离质量变差，沉降分离后污水含油率增加。与原来水驱油矿场设计的沉降分离20 min后污水含油率小于1 000‰的指标相比较，最高超标达10倍。而且随着沉降时间的延长，分离后污水含油率降低缓慢。在相同的沉降分离时间下，采出液中聚合物浓度越高，分离后污水含油率越高；采出液含水率越低，分离后污水含油率越高。因此可以认为油田含PAM污水是一类特殊污水，有着特殊的油-水乳化机理，油田污水处理的关键就是去除污水中的油(石油烃类)和PAM。

高铁酸钾作为水处理剂有如下优点：① 氧化性，其氧化能力明显高于普通的氧化剂；② 絮凝性，其主要还原产物Fe(III)是一种高效吸附的絮凝剂，可以在很宽的

pH 范围内吸附絮凝大部分阴阳粒子、有机物和悬浮物;③ 杀菌性,在水溶液中较低浓度时能快速杀灭大肠杆菌及一般细菌。另外,FeO_4^{2-} 的还原产物 Fe^{3+} 在消毒过程中不会产生二次污染及其他副作用;④ 无毒性,与目前环保方面通用的氧化剂高锰酸钾、重铬酸钾相比,高铁酸钾无重金属污染问题;⑤ 溶解浓度具有可控性。

针对三采聚合物驱污水,高铁酸盐降解和降黏的效果显著。在常温下,在 PAM 污水中投加适量的高铁酸盐,PAM 降解率可以达到 90%以上。反应 3～5 min,PAM 污水的黏度即可达到蒸馏水的黏度。可采用高铁酸盐氧化法深度处理油田污水中的石油烃类,使污水中的油类含量达到国家排放标准。

PAM 在污水中有两种存在方式,一种是自由存在形式,另一种是作为乳化剂,存在于油/水界面膜。高铁酸钾由于有极强的氧化性,在酸性条件下标准氧化电极电位为 2.20 V,因此在反应液中它可能与自由存在和以乳化剂方式存在的 PAM 发生强烈的非均相氧化还原反应,爆破油-水乳化膜,使 PAM 降解或破坏乳化膜,达到降解和降黏作用。其过程首先是 PAM 断链,变成更小的 PAM 分子,这一步反应速度很快,进而氧化成单体和丙烯酸等,最后生成无机物,如 CO_2、N_2、PO_4^{3-} 等,由此使 PAM 降解和降黏。

8.4.2.3　影响高铁酸盐处理油田污水的因素

如图 8-19～图 8-21 所示,高铁酸盐投加量、反应体系初始 pH、反应温度以及反应时间等因素对高铁酸盐氧化处理含油污水有不同程度的影响。其中高铁酸盐投加量和 pH 影响较为显著。

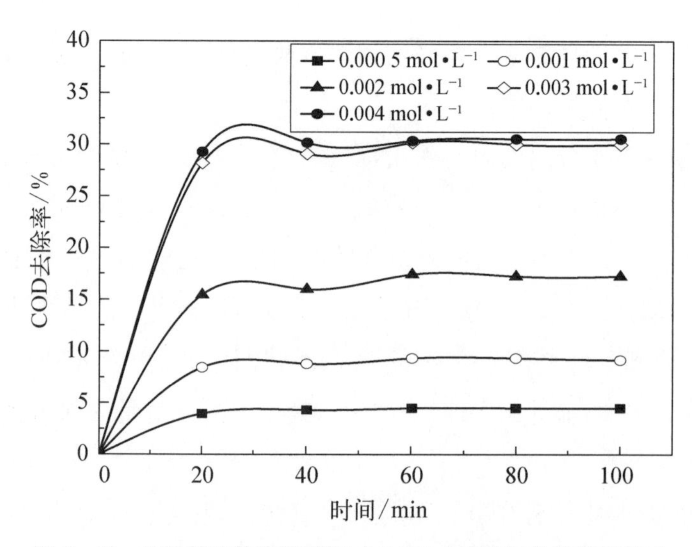

图 8-19　不同浓度的高铁酸钾对 PAM 水溶液氧化降解的影响

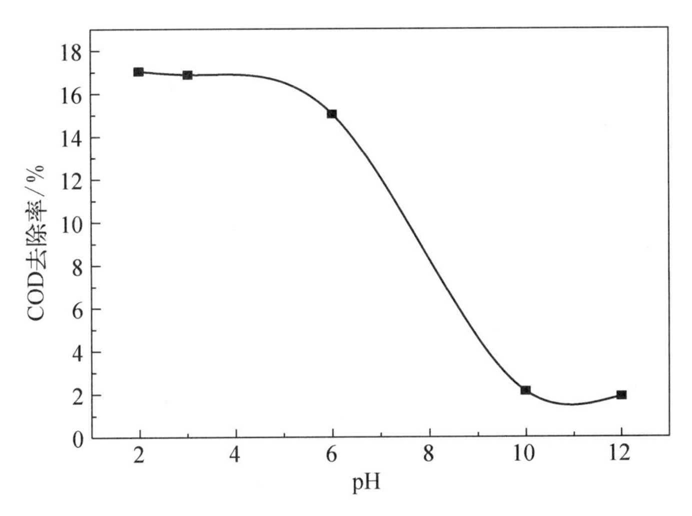

图 8-20　初始 pH 对 PAM 水溶液氧化降解效果的影响

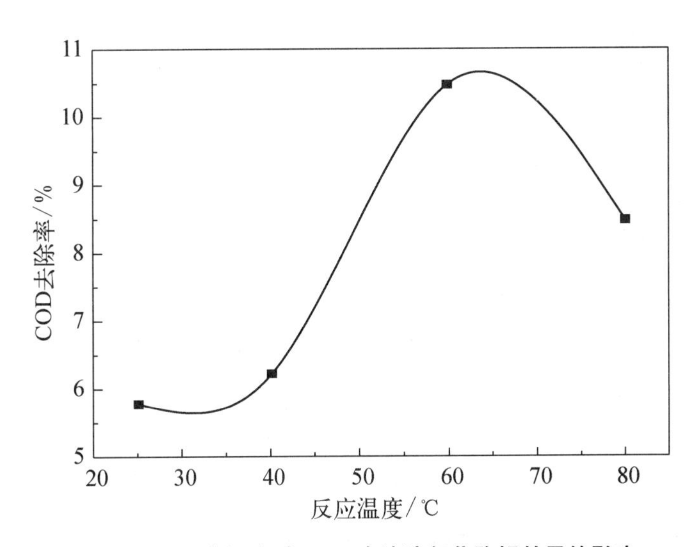

图 8-21　反应温度对 PAM 水溶液氧化降解效果的影响

高铁酸盐的投加量与聚丙烯酰胺的氧化降解存在一定的关系，如图 8-19 所示，在高铁盐浓度低于相应值时，高铁酸钾投加量与 PAM 降解速率、降解率呈正相关关系；高于相应值时，降解效果差别不大。如图 8-20 所示，随 pH 的降低，PAM 氧化降解率升高，但如果 pH 过低，降解的效果较差；高铁酸盐氧化法适合处理各种浓度的污水，其可使聚合物驱 PAM 污水达到国家二级排污标准。反应体系的温度并非越高越好，而是有一最佳值。因为温度越高，高铁酸盐愈容易分解，导致反应不完全。试验表明，在高铁酸盐的用量和反应液初始 pH 相同的情况下，60 ℃环境下的反应效果最好，如图 8-21 所示。

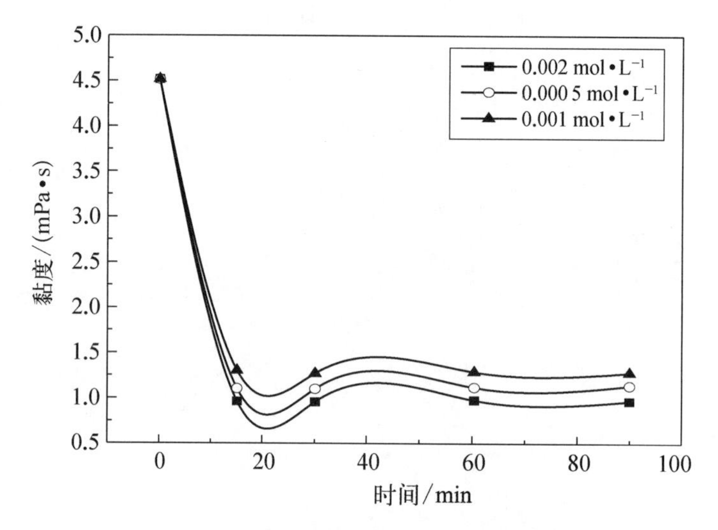

图 8-22　不同浓度的高铁酸钾对 PAM 降黏效果的影响

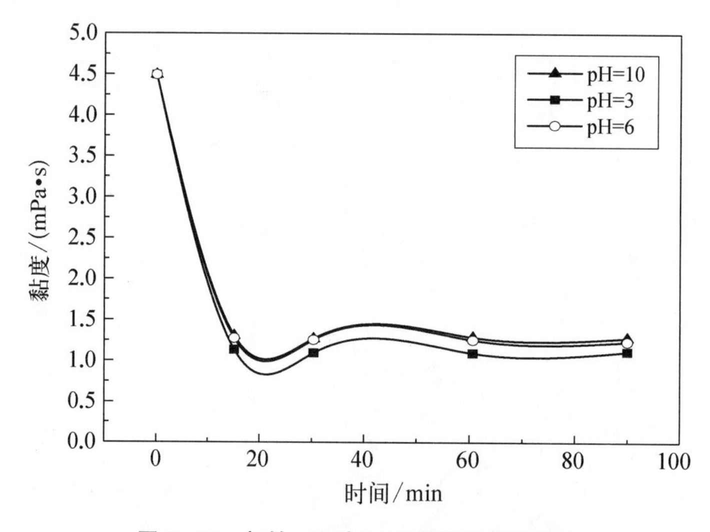

图 8-23　初始 pH 对 PAM 降黏效果的影响

投加适量的高铁酸钾可以有效地将 PAM 降黏，溶液最后黏度接近蒸馏水的黏度；随着反应体系初始 pH 的升高，降黏效果逐渐下降；在酸性条件下，高铁酸钾最终都可将 PAM 的黏度降为与蒸馏水的黏度一致；在 pH＝3 的情况下，降黏速率最快，3 min 就降黏完全，在碱性条件下，降黏效果稍差；反应温度对 PAM 污水的降黏也有一定的影响，其规律与降解差不多。

8.4.2.4　高铁酸钾和次氯酸钾混合溶液的协同作用

采用次氯酸盐法制备 K_2FeO_4 纯品过程中会产生大量的滤液。滤液含有饱和 K_2FeO_4 和大量未反应的 KClO，具有强氧化性，是很好的氧化剂。

高铁酸钾的还原产物 Fe^{3+} 通过夹带和“架桥”作用与未反应的聚丙烯酰胺(阴离子,HPAM)共同聚集沉淀,从而去除污水中的有机物。

用存放时间分别为 1 d 和 5 d 的 K_2FeO_4 滤液氧化 200 mg・L^{-1} 的 HPAM 污水,考察 K_2FeO_4 滤液的稳定性,结果如表 8－6 所示。

表 8－6　存放不同时间的 K_2FeO_4 滤液对污水中 HPAM 降解效果

V(滤液)/V(水样)	COD_{Cr}/(mg・L^{-1})	
	1 d	5 d
0	212.6	206.9
0.025	201.2	190.6
0.050	172.8	170.0
0.100	77.4	72.1

从表 8－6 看出,分别存放 1 d 和 5 d 的 K_2FeO_4 滤液对污水中 HPAM 的降解效果基本相同。这表明 K_2FeO_4 滤液具有稳定性,在较长存放时间内仍具有较强的氧化性。

K_2FeO_4 滤液用于含高浓度 HPAM 的油田废水,比单独使用相同添加量高铁酸钾或次氯酸钠效果更佳,污水的 COD_{Cr} 去除率达 70%。

在碱性条件下,高铁酸钾与聚合物反应生成的过氧化物主要是在氮原子 α 位上的亚甲基上形成。由于笼蔽效应,过氧化物并不引发新的氧化链。根据双分子光分解机理,过氧化物可直接分解为酮和水,最终得到酞亚胺和水。因此,在碱性条件下高铁酸钾单独作用聚合物时,污水的 COD_{Cr} 浓度几乎不减少。当 ClO^- 存在的条件下,高铁酸钾继续氧化中间产物,最终生成 CO_2 和 H_2O 等小分子化合物,使污水的 COD_{Cr} 浓度大大降低。高铁酸钾滤液具有更好的氧化效果,这是因为存在 ClO^- 和 FeO_4^{2-} 的协同作用。

参 考 文 献

[1] E S G. Opusculum Chimico-Physico-Medicum[J]. Halae-Magdeburgiae, 1715, 742(22).

[2] Fremy E C R. Preparation of potassium ferrate (VI) in alkaline solution[J]. Académie des Sciences, Pairs, 1841(12 - 23).

[3] 徐志花.高铁化合物的制备及其电化学性能的研究[D].浙江大学,2006.

[4] Goff H R. Kent Murmann. Mechanism of isotopic oxygen exchange and reduction of ferrate(VI) ion (FeO_4^{2-})[J]. Journal of the American Chemical Society, 1971, 93(23): 6058 - 6065.

[5] Wood R H. The heat, Free Energy, and Entropy of the ferrate (VI) ion[J]. Journal of the American Chemical Society, 1958, 80(9): 2038 - 2039.

[6] Audette R J, Quail J W. Potassium, rubidium, cesium, and barium ferrates(VI): Preparations, infrared spectra and magnetic susceptibilities[J]. Inorganic chemisty, 1972, 11(8): 1904 - 1908.

[7] Licht S, Wang B H. Nonaqueous phase Fe(6) electrochemical storage and discharge of super-iron/lithium primary batteries[J]. Electrochemical and Solid-state Letter, 2000, 3(5): 209 - 212.

[8] 雷斌.高铁酸盐的制备及其对染料废水的脱色研究[D].吉林大学,2011.

[9] 张彦平,许国仁,程恒卫,等.绿色氧化剂高铁酸钾研究进展[J].工业水处理,2007(8): 8 - 11.

[10] Sharma V K, Burnett C R, Millero F J. Dissociation constants of the monoprotic ferrate(VI) ion in NaCl media[J]. Physical Chemistry Chemical Physics, 2001, 3(11): 2059 - 2062.

[11] 曲久辉,林谡,王立立.高铁酸盐的溶液稳定性及其在水质净化中的应用[J].环境科学学报,2001,1(S1): 106 - 109.

[12] 马春.高铁酸盐的稳定性及其对染料废水的处理[J].大连工业大学学报,2013,32(2): 130 - 133.

[13] Wagner W F, Gump J R, Hart E N. Analytical Chemistry[M], 1952.

[14] 高玉梅,贾汉东.光照对高铁酸盐溶液稳定性的影响[J].应用化学,2004,21(4).

[15] Martinez-Tamayo E, Beltrán-Porter A, Beltrán-Porter D. Iron compounds in high oxidation states: II. Reaction between Na_2O_2 and $FeSO_4$[J]. Thermochim Acta, 1986, 97: 243 - 255.

[16] Martinez-Tamayo E, Beltrán-Porter A, Beltrán-Porter D. Iron compounds in high oxidation states: I. The reaction between BaO_2 and $FeSO_4$[J]. Thermochimica Acta, 1985, 91: 249 - 263.

[17] Kiselev Y K, Kopelev N S, Iavyalova N A. Inorganic Chemistry[M], 1989.

[18] Sch reyer J M. Higher valence compounds of iron[D]. Corvallis, Oregon; Oregon State College, 1948.

[19] Thompson G W, Ockerman L T, Schreyer J M. Preparation and purification of potassium ferrate (VI)[J]. Journal of the American Chemical Society, 1951, 73(3): 1379 - 1381.

[20] 张军,时清亮,杨国明,等.高铁酸钾的合成及其应用研究[J].无机盐工业,1999(6): 26 - 28.

[21] 田宝珍,曲久辉.化学氧化法制备高铁酸钾循环生产可能性的试验[J].环境化学,1999,18(2): 173 - 177.

[22] Li C, Li X Z, Graham N. A study of the preparation and reactivity of potassium ferrate[J].

Chemosphere, 2005, 61(4): 537 - 543.
[23] Poggendorf J C. Electrochemical preparation of sodium ferrate[J]. Pogg Ann, 1841, 54(4): 161 - 162.
[24] 毕冬勤. 高铁酸钾的电解法制备及其在水处理中的应用研究[D]. 华侨大学,2008.
[25] Licht S, Wang B H, Ghosh S. Energetic Iron (VI) chemistry: the super-iron battery[J]. Science (New York, NY), 1999, 285(5430): 1039 - 1042.
[26] 罗志勇,张胜涛,郑泽根. 高容量绿色电池材料高铁酸盐的研究进展[J]. 材料导报,2014,28(23): 123 - 127.
[27] 尚平,郝卓莉,孙百虎,等. 高铁酸盐化学特性分析及在化学电源中的应用[J]. 电源技术,2014,38(8): 1591 - 1592.
[28] 刘伟,马军. 高铁酸盐预氧化对藻类细胞的破坏作用及其助凝机理[J]. 环境科学学报,2002,22(1): 24 - 28.
[29] Waite T D. Feasibility of wastewater treatment with ferrate (VI)[J]. Journal of Environmental Engineering-ASCE, 1979, 105(9): 1023 - 1034.
[30] 梁咏梅,刘伟,马军. pH 和腐殖酸对高铁酸盐去除水中铅、镉的影响[J]. 哈尔滨工业大学学报,2003(35): 545 - 548.
[31] 文湘华,申博. 新兴污染物水环境保护标准及其实用型去除技术[J]. 环境科学学报,2018,38(3): 847 - 857.
[32] 崔芳,袁博. 再生水中微量有机污染物去除的研究进展[J]. 工业水处理,2012,32(8): 9 - 14.
[33] 陶澍,骆永明,朱利中,等. 典型微量有机污染物的区域环境过程[J]. 环境科学学报,2006,26(1): 168 - 171.
[34] 刘先利,刘彬,邓南圣. 环境内分泌干扰物研究进展[J]. 上海环境科学,2003,22(1): 57 - 63.
[35] 赵美萍,李元宗,常文保. 酚类环境雌激素的分析研究进展[J]. 分析化学,2003,31(1): 103 - 109.
[36] 刘继凤. 浅谈饮用水微量有机污染物处理技术[J]. 环境科学与管理,2007(4): 103 - 105.
[37] 王丽花,张晓健,吴红伟,等. 国内饮用水生物稳定性的调查研究[J]. 净水技术,2005(3): 45 - 47.
[38] 赵霞,冯辉霞,张建强,等. 净水水源处理技术及研究进展[J]. 应用化工,2009,38(12): 1807 - 1809.
[39] 孙旭辉,李文超,李冰,等. 高铁酸盐的制备、性质及在水处理中的应用[J]. 东北电力大学学报,2015,35(4): 33 - 39.
[40] 梁增辉,何世华,孙成均,等. 引起青蛙畸形的环境内分泌干扰物的初步研究[J]. 环境与健康杂志,2002,19(6): 419 - 421.
[41] 肖珂,王勇,路鑫,等. 固相微萃取-气相色谱/质谱测定工业废水中痕量有机物的研究[J]. 色谱,2003(1): 84 - 88.
[42] Chen J, Huang X, Lee D. Bisphenol a removal by a membrane bioreactor [J]. Process Biochemistry, 2008, 43(4): 445 - 451
[43] Vandenberg L N, Hauser R, Marcus M, et al. Human exposure to bisphenol A (BPA)[J]. Reproductive Toxicology, 2007, 24(2): 139 - 177.
[44] 马维超. 高铁酸盐去除水中双酚 A 和磷酸盐的效能研究[D]. 哈尔滨工业大学,2011.
[45] Duan H T, Liu Y, Yin X H, et al. Degradation of nitrobenzene by Fenton-like reaction in a H_2O_2/schwertmannite system[J]. Chemical Engineering Journal, 2016, 283: 873 - 879.
[46] 董金华. 高铁酸钾氧化降解水中双酚 A 的研究[D]. 湖南大学,2009.
[47] Sharma V K. Oxidation of inorganic contaminants by ferrates (VI, V, and IV)-kinetics and mechanisms: a review[J]. Journal of Environmental Management, 2011, 92(4): 1051 - 1073.
[48] 马艳,高乃云,楚文海,等. 高铁酸钾及其联用技术在水处理中的应用[J]. 水处理技术,2010,36

(1)：10 - 14,24.
[49] Zhang P, Zhang G, Dong J, et al. Bisphenol a oxidative removal by ferrate (Fe(VI)) under a weak acidic condition[J]. Separation and Purification Technology, 2011, 84：46 - 51.
[50] Li C, Li X Z, Grahan N, et al. The aqueous degradation of bisphenol A and steroid estrogens by ferrate[J]. Water Research, 2007, 42(1)：109 - 120.
[51] 韩琦,王宏杰,董文艺,等.高铁酸盐和臭氧氧化法降解水中双酚 A 的研究[J].工业用水与废水,2014,45(5)：14 - 18.
[52] Huang H, Sommerfeld D, Dunn B C, et al. Ferrate(VI) oxidation of aqueous phenol：Kinetics and mechanism[J]. The Journal of Physical Chemistry A, 2001, 105(14)：3536 - 3541.
[53] 罗志勇,郑泽根,张胜涛.高铁酸盐氧化降解水中苯酚的动力学及机理研究[J].环境工程学报,2009,3(8)：1375 - 1378.
[54] He Z Q, Spain J C. Comparison of the downstream pathways for degradation of nitrobenzene by Pseudomonas pseudoalcaligenes JS45 (2 - aminophenol pathway) and by Comamonas sp. JS765 (catechol pathway)[J]. Archives of Microbiology, 1999, 171(5)：309 - 316.
[55] Kusvuran E, Yildirim D. Degradation of bisphenol A by ozonation and determination of degradation intermediates by gas chromatography-mass spectrometry and liquid chromatography-mass spectrometry[J]. Chemical Engineering Journal, 2013, 220：6 - 14.
[56] 夏庆余,方熠,陈震.高铁酸盐的制备及对硝基苯的氧化作用[J].工业用水与废水,2004,(6)：49 - 52.
[57] 罗志勇,李和平,郑泽根.高铁酸钾的合成及其在水处理中的应用[J].重庆建筑大学学报,2002,24(6)：39 - 43.
[58] 刘玉兵,李明玉,张煜,等.高铁酸钾去除微污染水源水中氰化物的试验研究[J].化学通报,2011,74(2)：178 - 183.
[59] 连少娟,连少春,连少云,等.硫化氢脱除技术发展现状及趋势[J].河南化工,2010,27(6)：1 - 2.
[60] 姜春泮,刘惠玲,王梦梦.碱对高铁酸盐去除硫化氢气体的影响研究[J].哈尔滨商业大学学报(自然科学版),2015,31(5)：543 - 545.
[61] 蒋国民.高铁酸钾的制备及其处理含砷废水的研究[D].中南大学,2010.
[62] 彭明江,吴菊珍.高铁酸钾处理多晶硅废水影响因素研究[J].工业水处理,2016,36(8)：48 - 51.
[63] 张晓秋,刘碚.绿色水处理药剂高铁酸钾应用研究进展[J].北方环境,2004(3)：24 - 28.
[64] 雷庆铎,孟春芳,申明召.高铁酸钾对微囊藻毒素的去除效果探讨[J].水生态学杂志,2009,30(5)：111 - 114.
[65] 刘琰.高铁酸钾预氧化复合絮凝去除水中藻及微污染物的研究[D].青岛科技大学,2011.
[66] 王国华,李晨光,孙晓,等.高铁酸钾强化 PAC 去除景观水体中藻类的研究[J].中国给水排水,2010,26(9)：83 - 85.
[67] 刘立明,李丽萍,黄应平.高铁酸钾/PAC 氧化-混凝去除水体中铜绿微囊藻[J].生态科学,2013,32(6)：686 - 691.
[68] 张忠祥,宋浩然,张伟,等.高铁酸钾预氧化强化混凝除藻效能及机理研究[J].中国给水排水,2019,35(15)：31 - 36.
[69] 马军,刘伟,盛力,等.腐殖酸对高铁酸钾预氧化除藻效果的影响[J].中国给水排水,2000,(9)：5 - 8.
[70] 张素春.高铁酸盐预氧化处理微污染含藻水试验研究[D].哈尔滨工业大学,2012.
[71] 沈平.水库源水中微量汞的去除试验研究[D].西安建筑科技大学,2006.
[72] 纪琼驰.高铁酸钾的制备及其在原水处理中的应用研究[D].南京理工大学,2012.
[73] 白晓峰.高铁酸钾预氧化去除天然水体中二价锰的研究[D].西南交通大学,2018.

[74] 毕冬勤,杨卫华,周艳,等. K_2FeO_4 处理含 Pb^{2+} 和 Hg^{2+} 废水的研究[J]. 长春工程学院学报(自然科学版),2007,8(1): 46-48.
[75] 王颖馨,周雪婷,卜洪龙,等. 高铁酸钾的制备及其对水中 As(III)、Pb(II)的去除效能研究[J]. 华南师范大学学报(自然科学版),2015,47(4): 80-87.
[76] Murmann R K, Robinson P R. Experiments utilizing FeO_4^{2-} for purifying water[J]. Water Research, 1974, 8: 543-547.
[77] 秦海利. 高铁酸钾对废水中亚甲基蓝和重金属离子的处理研究[D]. 绵阳师范学院,2016.
[78] 蒋国民,王云燕,柴立元,等. 高铁酸钾处理含砷废水[J]. 过程工程学报,2009,9(6): 1109-1114.
[79] Lee Y, Um I, Yoon J. Arsenic(III) oxidation by iron(VI) (ferrate) and subsequent removal of arsenic(V) by iron(III) coagulation[J]. Environmental Science Technology, 2004, 37(24): 5750-5756.
[80] 苑宝玲,李坤林,邓临莉,等. 多功能高铁酸盐去除饮用水中砷的研究[J]. 环境科学,2006,27(2): 281-284.
[81] 周雪婷,何诗韵,郑刘春,等. 高铁酸钾对水中锑的去除机理研究[J]. 华南师范大学学报(自然科学版),2017,49(3): 49-54.
[82] Mccomb K A, Craw D, Mcquillan A J. ATR-IR spectroscopic study of antimonate adsorption to iron oxide[J]. Langmuir, 2007, 23(24): 12125-12130.
[83] 胡震. 水处理剂高铁酸钠的制备及其除锰离子效果[J]. 石化技术与应用,2008,26(3): 227-229.
[84] 钟奇军. 改性活性炭对铜离子的吸附研究[D]. 昆明理工大学,2017.
[85] 樊鹏跃,崔建国,李玲. pH 对高铁酸钾辅助聚合氯化铝去除废水中 Cu^{2+} 的影响研究[J]. 环境污染与防治,2014,36(3): 78-81.
[86] 何文丽,桂和荣,苑志华,等. 高铁酸钾混凝去除矿井水中的铅、镉、铁、锰[J]. 工业水处理,2009,29(1): 83-86.
[87] 赵春禄,刘琰,崔俊安. 高铁酸钾预氧化并复合高岭土与 PAC 絮凝去除水中的颤藻[J]. 环境工程学报,2012,6(5): 1604-1608.
[88] 程方. 渤海近岸海域反渗透海水淡化预处理工艺研究[D]. 中国海洋大学,2006.
[89] 苑宝玲,曲久辉,张金松,等. 高铁酸盐对 2 种水源水中藻类的去除效果[J]. 环境科学,2001,22(2): 78-81.
[90] 马军,石颖,刘伟,等. 高铁酸盐复合药剂预氧化除藻效能研究[J]. 中国给水排水,1998,14(5): 9-11.
[91] 梁好,韦朝海,盛选军,等. 高铁酸盐预氧化、絮凝除藻的实验研究[J]. 工业水处理,2003,23(3): 26-29.
[92] 刘涛. 巢湖源水富营养化治理新工艺研究[D]. 合肥工业大学,2009.
[93] 石颖,马军,李圭白. pH 对高铁酸盐复合药剂强化除藻的影响[J]. 中国给水排水,2000,16(1): 18-20.
[94] 曲久辉,林谡,田宝珍,等. 高铁酸盐氧化絮凝去除水中腐殖质的研究[J]. 环境科学学报,1999,19(5): 510-514.
[95] 李春娟,马军,梁涛. 高铁酸盐预氧化对松花江水混凝效果的影响[J]. 环境科学,2008,29(6): 1550-1554.
[96] 张硕,王国华,刘明明. 黄浦江微污染水源水高铁酸盐预氧化和混凝技术研究[C]. 全国给水排水技术信息网年会暨技术交流会,中国内蒙古乌海,2011.
[97] 刘伟,马军. 高铁酸钾预氧化处理受污染水库水[J]. 中国给水排水,2001,17(7): 70-73.
[98] 冀亚飞. 高铁酸钾的研制与应用实践[J]. 现代化工,1998(12): 21-23.
[99] 丁宁. 高铁酸钾深度处理生活污水的氧化絮凝特性研究[D]. 山东建筑大学,2016.

[100] 李金霞. 高分散气液界面物理化学行为研究及应用[D]. 华东师范大学,2006.
[101] 王晓东. 芳烃类物质在高铁酸钾和 CuO/TiO_2 氧化体系中的转化特性研究[D]. 重庆大学,2012.
[102] 王艺霏,李亚男,王迪,等. 高铁酸钾- Fenton 联合氧化法对菲的去除[J]. 环境工程学报,2016,10(11):6536 - 6540.
[103] 平成君,梁建奎,金士威,等. 高铁酸钾与双氧水联用处理含苯废水[J]. 化学与生物工程,2015,32(9):50 - 53+60.
[104] 沈希裴. 高铁酸钾与臭氧联用处理印染废水的试验研究[D]. 浙江工业大学,2009.
[105] 马君梅,龚峰景,汪永辉. 高铁酸钾预处理印染废水的可行性研究[J]. 云南环境科学,2004,23(4):59 - 61.
[106] 胡婷婷. 高铁酸钾降解偶氮类染料研究[D]. 同济大学,2008.
[107] 王建家,窦丽花,王洪. 电解法制备高铁酸钾及其对猪场养殖废水的净化[J]. 湖北农业科学,2015,54(20):4999 - 5003.
[108] 米慧波. 高铁酸钾的制备及其对偶氮染料废水脱色的研究[D]. 吉林大学,2011.
[109] 方熠. 多孔圆筒铸铁阳极电解制备高铁酸盐及其在处理废水中的应用[D]. 福建师范大学,2006.
[110] 刘臣. 高铁酸钾的制备及其去除水中污染物的初探[D]. 哈尔滨工业大学,2006.
[111] 王海荣,李国亭,刘秉涛,等. 高铁酸盐降解偶氮染料酸性橙 II 的研究[J]. 华北水利水电学院学报,2009,30(6):102 - 105.
[112] 马君梅. 高铁酸钾预处理印染废水的研究[D]. 东华大学,2004.
[113] 胡镇青. 电解法制备高铁酸钠及其对废水的处理研究[D]. 西安工程大学,2012.
[114] 张建. 高铁酸钾处理印染废水的试验研究[D]. 沈阳建筑大学,2011.
[115] 林颐. 高铁酸钾-微波耦合对印染污泥脱水性能的影响研究[D]. 广东工业大学,2014.
[116] 汪宁改,李国亭,刘秉涛,等. 紫外光照射下铁锰物种对酸性橙 II 的脱色研[J]. 环境化学,2009,28(2):242 - 246.
[117] 冯银芳,宁寻安,巫俊楫,等. 超声耦合高铁酸钾对印染污泥脱水性能的影[J]. 环境工程学报,2016,10(7):3787 - 3792.
[118] 周盼. 高铁酸钾/O_3/H_2O_2 复合体系降解活性艳蓝 P - 3R 的研究[D]. 武汉纺织大学,2013.
[119] 冯浩,尚文健,金佳,等. 高铁酸钾氧化法处理电子工业清洗废水的试验研究[J]. 环境科学与技术,2010,33(S1):353 - 356.
[120] 石杨,陈祥衡,吴渤,等. 一种利用高铁酸钠处理电镀废水的装置[P]. 广东:CN204737832U,2015 - 11 - 04.
[121] 朱铭桥,黄华山,苑宝玲,等. 液体高铁酸钠同时去除电镀废水中氰化物和重金属[J]. 环境工程学报,2017,11(3):1540 - 1544.
[122] 吴建新. 高铁酸盐处理制药废水的试验研究[J]. 中国给水排水,2010,26(15):79 - 81,85.
[123] 周军. 高铁酸盐现场制备新工艺及应用研究[D]. 西安建筑科技大学,2001.
[124] 方志宁. 高铁酸盐处理医院废水的研究[J]. 福建化工,2005(5):58 - 60,77.
[125] 武和胜. 高铁酸钾在垃圾渗滤液处理中的应用及改进[D]. 南昌大学,2007.
[126] 吴小倩. 高铁酸钾的制备及其处理垃圾渗滤液的应用研究[D]. 东华大学,2006.
[127] 刘晓凤. 高铁酸钾氧化处理垃圾渗滤液中难降解有机物的研究[D]. 青岛科技大学,2013.
[128] 杨梦兵,王中伟,沈明. 垃圾渗滤液生化出水的脱色研究[J]. 污染防治技术,2010,23(1):22 - 25.
[129] 孔凡贵. 高级氧化技术处理油田水中污染物的研究[D]. 大庆石油学院,2003.
[130] 王宝辉,孔凡贵,张铁锴,等. 高铁酸钾氧化去除油田污水中聚丙烯酰胺的研究[J]. 工业水处理,2004,(1):21 - 23.
[131] 吕玲,姚伟宁,李丹,等. 高铁氧化去除油田污水中聚丙烯酰胺的研究[J]. 内蒙古石油化工,2008,34(19):32 - 35.

[132] 陈颖,李金莲,王宝辉,等.高铁酸钾滤液对油田三元复合驱模拟污水的降解[J].大庆石油学院学报,2005,(2):48-50,124-125.
[133] 陈颖,李金莲,王宝辉,等.高铁酸钾滤液氧化降解 HPAM 的研究[J].化工进展,2005,(1):68-70.
[134] 张燕.新型多功能材料高铁酸钾的合成与性能研究[J].化工科技,2008,(4):36-40.
[135] 贺素姣.高铁酸钾的制备与测定研究进展[J].化工技术与开发,2010,39(11):39-42.
[136] 贺素姣,杨长春,伍伟峰.高铁酸钾中总铁与高铁的测定[J].化工技术与开发,2009,38(6):35-38.
[137] 贺素姣,杨长春,伍伟峰.亚铬酸盐滴定法测定高铁酸钾[J].分析试验室,2009,28(S1):88-90.
[138] 赵景涛.高铁酸盐的稳定性研究及其应用[D].大连工业大学,2011.
[139] 王爱莲.亚铬酸盐法测定高铁酸钾之探讨[J].甘肃科技,2010,26(18):76-78.
[140] 林智虹.高铁酸盐的制备及其应用研究[D].福建师范大学,2004.
[141] 黎司,虞丹尼,吉芳英,等.高铁酸钾的制备及其表征方法的研究进展[J].化工时刊,2014,28(11):40-43.
[142] 刘文芳,赵颖,蔡亚君,等.高铁酸盐的制备及其在水和废水处理中的应用[J].环境工程技术学报,2015,5(1):13-19.
[143] 郑怀礼,邓琳莉,吉方英,等.高铁酸钾制备新方法与光谱表征[J].光谱学与光谱分析,2010,30(10):2646-2649.
[144] 何伟春.高铁(VI)化合物的电化学合成与性质研究[D].浙江大学,2007.
[145] 王宏丽.高铁酸盐的制备及其电化学性能研究[D].四川大学,2006.
[146] 高鹏祥,罗亚田.高铁酸盐的制备及其在水处理中的应用[J].河北化工,2006,(4):7-9.
[147] 顾国亮,杨文忠.高铁酸钾的制备方法及应用[J].工业水处理,2006,(3):59-61.
[148] 卢成慧.高铁酸盐的制备及其应用[D].厦门大学,2005.
[149] 魏文英,李军.高铁酸钾的制备与应用研究[J].舰船防化,2011,(3):20-23.
[150] 杨红平.高铁酸盐的制备、表征及其在新型超铁(VI)电池中的应用研究[D].湘潭大学,2004.
[151] 何前国,李景印,段立谦,等.高铁酸盐的制备、稳定性及应用研究进展[J].材料导报,2011,25(11):51-55.
[152] 裴慧霞.高铁酸钾的制备及其稳定性研究[D].太原理工大学,2007.